SHUZIDIANLU
JIQICHANPINANZHUANGTIAOSHI

数字电路

及其产品安装调试

姚月明 主　编
黄小辉 副主编
李　奇　周韶威　吴功伟　周斌彬 参　编

中国电力出版社
CHINA ELECTRIC POWER PRESS

内 容 提 要

本书将产品引领法融入项目的选取及编写过程中，以典型的、有实用价值的、学生感兴趣的产品为引导，贯穿必备的理论知识，进行每个教学项目的编写。同时将知识、技能点串成知识、技能链，以类似产品的安装、调试作为项目实训的课题，进行实践动手能力和创新能力的培养，激发学生的学习兴趣、探究兴趣和专业兴趣，为培养职业能力、职业素质服务。

本书共有 7 个项目，主要内容包括逻辑门电路的认识与测试、译码数显电路的安装与调试、智能抢答器的安装与调试、时分秒计数电路的安装与调试、时基电路的安装与调试、模数与数模转换电路的安装与调试、数字电子产品的安装与调试。附录中列出了维修电工中级职业技能鉴定中本课程的应知考试练习题，在实训中按职业技能鉴定应会考核方式进行评价打分，为推行"双证制"打好基础。

本书可以作为中职院校应用电子、通信、自动化等专业教学用书，也可作为企业电子整机产品装配培训教材，还可供相关工程技术人员参考。

图书在版编目（CIP）数据

数字电路及其产品安装调试/姚月明主编. —北京：中国电力出版社，2015.3（2023.7 重印）
ISBN 978-7-5123-7228-3

Ⅰ.①数… Ⅱ.①姚… Ⅲ.①数字电路 Ⅳ.①TN79

中国版本图书馆 CIP 数据核字（2015）第 038888 号

中国电力出版社出版发行
北京市东城区北京站西街 19 号　100005　http://www.cepp.sgcc.com.cn
责任编辑：杨淑玲（010-63412602）　责任印制：杨晓东　责任校对：李　楠
中国电力出版社有限公司印刷·各地新华书店经售
2015 年 3 月第 1 版·2023 年 7 月第 4 次印刷
787mm×1092mm　1/16·10.5 印张·252 千字
定价：**29.80 元**

前　言

为加强电子电路及其产品安装调试能力的培养，浙江省机电技师学院电气工程系陈梓城教授及系主任王琪策划并组织编写了"中职电类专业技术基础课产品引领法系列教材"。该系列教材包括《模拟电路及其产品安装调试》《数字电路及其产品安装调试》《单片机及其智能产品安装调试》。从电路到产品的技术学习、安装调试技能训练；从模拟电子产品到数字电子产品再到智能电子产品；由低级到高级，多次学习与训练，增强电子电路及其产品安装调试能力，培养高素质的创新型技能人才，满足人才市场的需求。

产品引领法是在课程教学中，以典型的、有实用价值的、学生感兴趣的产品为引导，开展各章节、模块的教学。所学知识来源于生产实践，把知识、技能点串成知识、技能链。并以类似产品的安装、调试作为项目实训的课题，进行实践动手能力和创新能力的培养，激发学生对专业的学习兴趣和探究兴趣，为培养职业能力、职业素质服务。

通过把课程的理论学习和技能训练尽可能多地涵括在某种产品中，掌握了支持这种产品的知识和技能，就基本上达到了这一门课程的教学目标。而对于不能涵括其中的知识、技能，在实用零部件或实用电路引领下开展教学。所谓的产品是广义的产品，包括培养学生职业能力、自行设计制作的教学用产品，并不一定都是市场有售的产品。

产品引领法属于任务引领课程范畴。鉴于电子元器件价格低，教师和学生将其安装调试成一个电子产品的目标容易实现，通过"教学做一体化"的教学模式，更有利于学生电子产品安装调试能力的培养。它具有较高的性价比，并且选择得当，易激发学生兴趣，而且便于各校推广，具有示范辐射作用。

产品的选取是产品引领法的关键，因其具有统领全局的作用。找到了一个好的产品，就等于找到如何将知识应用于实际、知识转化为能力的契合点，实现理论与实践密切结合，有利于电子技术应用能力的培养。

本书选用数字时钟电路作为教学用产品。为增强知识技能涵盖性，数字时钟电路中选用晶振电路、译码驱动数显电路、计数器电路、逻辑门电路等组成电子产品。没有包括在内的电路，如八路抢答器、三人表决器、NE555振荡电路等，以实用电路形式在相关章节中引入，并进行实用电路安装调试的技能训练。

本书在编写过程中，注意了以下几个问题：

（1）从电路向电子产品转移，有利于职业能力素质的提升。

按照传统习惯，《数字电子技术》的理论知识及技能训练仅限于单元电路安装测试，而对特定电路在电子产品中的应用仅泛泛介绍，鲜见用各种模块电路连接组成的产品电路介绍。我们采用数字电路向产品转移的教学改革，考虑到单纯数字电路组成产品较少、产品中所用单元电路种类不多的情况，选用了教学用产品"数字时钟电路"。不但有单元电路的安装测试，还有电子产品的安装调试，使学生有一个明确的电子产品概念，感受理论与实际技能的实用价值，提高对理论以及技能学习和探究的兴趣；增强职业岗位针对性和职业道德的培养，使职业能力素质得到提升。

（2）遵循"先仿后创"的原则，培养举一反三的能力。

即实行先仿制、后创新的路子。使学生能仿照引领电路、产品，根据给定的电路图安装、测试同类型电路、产品，学会如何把所学知识变成实用产品，享受自己劳动成果的愉悦，实现知识向能力的转化。引导其学会举一反三，培养其创新意识和创新能力。

（3）开展"教学做一体化"教学，提高教学效果。

开展"教学做一体化"的教学模式，边教、边学、边练，适应中职学生的心理特征和认知能力与水平，提高教学效果和教学质量。

（4）教材编写通俗易懂，循序渐进，符合中职学生的接受水平和认知规律。

教材编写过程中在通俗易懂上下工夫，突出一个"浅"字。为降低难度，本着"先仿后创，先易后难，循序渐进"的原则，先给出电路原理图、调试工艺（方法、步骤）进行安装调试；其次给出电路图，学生自行设计装接图；然后整机总装、调试；最后组成产品（数字时钟电路），进行安装调试。

（5）为推行"双证制"打基础。

列出维修电工中级职业技能鉴定中本课程的应知考试题，在实训中按职业技能鉴定应会考核方式进行评价打分，为推行"双证制"打好基础。

（6）对于超出中职大纲要求的内容，以"知识拓展"形式阐述。

本书是为了适应中等职业学校教学改革要求，培养中等职业技能向高等职业技能型人才转化而编写的中职中专电类专业通用教材。在编写过程中，编者认真研究了国家职业技能鉴定标准和电子产品生产一线的岗位要求，结合职业教育以及自身教学中的实际情况组织教材编写，尽最大努力使教材符合以产品为引领法的理论实践型一体化教学需求。

本教材由浙江省机电技师学院姚月明担任主编，黄小辉担任副主编，孙丽霞教授担任主审，李奇、周韶威、周斌彬、吴功伟参加了本书的编写。其中章节内容由吴功伟、黄小辉编写，技能训练安排由周斌彬、黄小辉编写验证，其他人完成资料收集、细节处理工作。全书由姚月明和黄小辉统稿。在编写过程中编者参考了许多实用资料。陈梓城教授对本书的编写还提出了许多宝贵意见，在这里对所有帮助和支持本书编写的领导和同志表示由衷的感谢。

教学内容学时分配

序号	技能任务	课时	学习单元内容
1	集成门电路的认识与测试	18	数制与码制概念、逻辑门电路、逻辑函数化简
2	译码数显电路的安装与调试	26	组合逻辑电路概念、编码器、译码器、集成编码器、集成译码器的应用
3	智能抢答器的安装与调试	18	RS 触发器、JK 触发器、D 触发器、集成触发器的应用
4	时分秒计数电路的安装与调试	26	时序逻辑电路概述、寄存器、计数器、集成计数器的应用
5	时基电路的安装与调试	20	常见的脉冲产生电路、NE555 时基电路的应用
6	模数与数模转换电路的安装与调试	18	模数转换器知识、数模转换器知识
7	数字电子产品的安装与调试	54	三个综合项目的安装与调试

由于编者水平有限，书中难免会有不妥之处，恳请读者批评和指正。

编者

目　　录

绪　　论

随着电子技术的发展，数字化已成为近代电子技术的发展趋势和重要基础。数字技术在近十年来获得空前飞速的发展，随着数字集成工艺的日益完善，数字技术已渗透到国民经济和人民生活的各个领域，如：音乐 CD、MP3；电影 MPEG、RM、DVD；数字电视；数字照相机；数字摄影机；手机等。掌握数字电路的基本理论及其分析方法，对于学习和掌握当代电子技术是非常必要的。

一、数字电路与模拟电路

在电子技术中，被传递和处理的电信号分为模拟信号和数字信号两大类。处理前一类信号的电路称为模拟电路，处理后一类信号的电路称为数字电路。

模拟信号指在时间上和数值上都是连续变化的信号。如模拟电视的图像和伴音信号，生产过程中由传感器检测的由某种物理量转化成的电信号等。

数字信号是指在时间上和数值上都是断续变化的离散信号。如由计算机键盘输入计算机的信号，自动生产线上记录产品或零件数量的信号等。电信号是指随时间变化的电压和电流。

图 0-1（a）、（b）所示分别为模拟电压信号和数字电压信号。

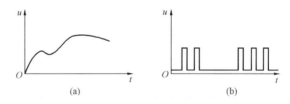

图 0-1　模拟电压信号和数字电压信号
（a）模拟电压信号；（b）数字电压信号

二、常见的脉冲波形及参数

脉冲信号是指在短暂时间间隔内作用于电路的电压或电流。

脉冲信号有多种多样，图 0-2 画出了几种常见的脉冲波形，它可以是偶尔出现的单脉冲，也可以是周期性出现的重复脉冲序列。

数字电路中的输入、输出电压值一般只有两种取值——高电平或低电平，电路中的晶体管（或门电路）均处于开关状态，因此常将脉冲信号中最典型的理想矩形脉冲波作为电路的工作信号，如图 0-3（a）所示。

实际的矩形脉冲波如图 0-3（b）所示，当它从低电平上升为高电平，或由高电平下降到低电平时，并不是理想的跳变，顶部也不平坦。为了具体说明矩形脉冲波形，常引入以下一些参数。

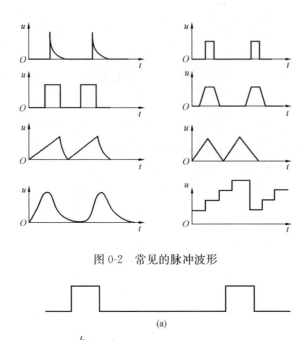

图 0-2　常见的脉冲波形

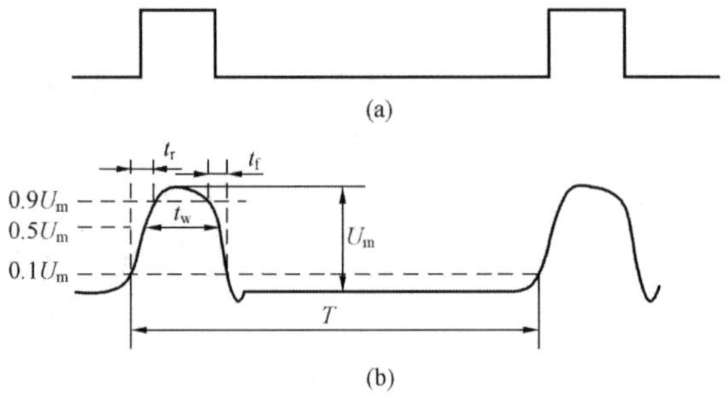

图 0-3　矩形脉冲参数
（a）理想矩形波；（b）实际矩形波

（1）脉冲幅度 U_m：指脉冲跳变的最大幅值。

（2）前沿或上升时间 t_r：通常指由 $0.1U_m$ 上升到 $0.9U_m$ 所需的时间。t_r 越短，脉冲上升的越快，越接近于理想的矩形波的上升跳变。

（3）后沿或下降时间 t_f：指从 $0.9U_m$ 下降到 $0.1U_m$ 所需要的时间。

（4）脉冲宽度 t_w：指前、后沿电压为 $0.5U_m$ 两点间的时间间隔，也可称为脉冲持续时间、有效脉冲宽度等。

（5）重复周期 T：指相邻脉冲上相应点之间的时间间隔，其倒数为每秒脉冲数，或称为脉冲的重复频率。

（6）脉宽比 t_w/T：指脉冲宽度与周期之比，也可称为占空系数，其倒数称为空度比。

三、数字电路特点

（1）数字电路的基本工作信号是用 1 和 0 表示的二进制数字信号，反映在电路上就是高电平和低电平。

（2）晶体管处于开关工作状态，抗干扰能力强，精度高。

（3）通用性强。功耗小，结构简单，容易制造，便于集成及系列化生产。

（4）具有"逻辑思维"能力。数字电路能对输入的数字信号进行各种算术运算、逻辑运算和逻辑判断，故又称为数字逻辑电路。

四、数字电路的组成

数字电路是运用数字电子技术实现某种功能的电路系统。从电路结构上来看，它们是由一些单元数字电路组成，尽管各种系统用途不同，体现在具体电路上也有很大的差别。但若从系统功能上来看，各种数字系统都有共同的原理框图。典型数字系统的原理框图如图 0-4 所示。

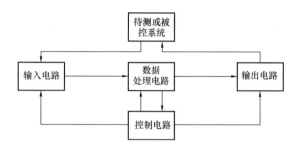

图 0-4　典型数字电路原理框图

五、数字时钟电路组成框图

数字时钟电路采用多种数字芯片组成，如图 0-5 所示。其中包括了组合逻辑电路和时序逻辑电路，组合逻辑电路中含有的元器件有编码器和译码器等，而时序逻辑电路中含有的元器件有寄存器和计数器等。在数字时钟电路里面含有振荡电路、分频电路、校时电路、计数电路及译码电路等。数字时钟实物如图 0-6 所示。

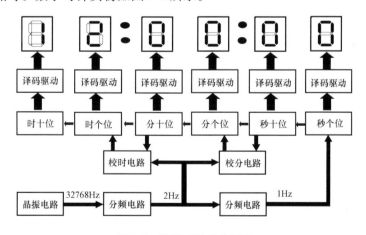

图 0-5　数字时钟系统框图

本课程以数字时钟电路为主线进行电子元器件、数字电路知识学习和技能训练，学会安装调试基本数字电路，学会数字时钟电路整机安装调试，并且仿照其进行其他数字电路组成电子产品的安装调试。

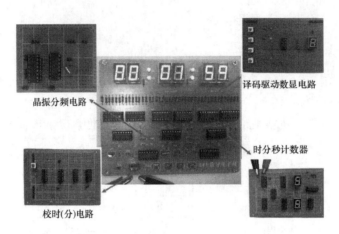

图 0-6　数字时钟实物

六、数字电路的学习方法

数字电路是电子类专业通用的技术基础课，也是一门实践性较强的课程，根据课程的特点学习过程中应注意以下问题：

（1）提高对本课程重要性的认识。本课程要为后续专业课程学习打好基础；为培养电子技术应用能力服务；所学的元器件和基本电路在工程实践中具有广泛的实用价值。因此要提高认识，认真学习。

（2）数字电路所研究的主要问题是电路的输入和输出之间的逻辑关系，即电路的逻辑功能。它所利用的数学工具是逻辑代数，描述电路逻辑功能的主要方法是真值表、逻辑函数表达式、波形图等。

（3）掌握数字器件的外部逻辑功能、使用方法及其功能的扩展，对内部电路的工作原理分析仅为了加深对外部电路的理解，要抓住重点。学会了逻辑分析和逻辑设计的基本方法，就具备了分析和解决数字电子电路有关问题的能力。

（4）理论联系实际，重视实践教学环节。学习的目的在于应用，理论学习要为培养电子技术能力服务。本课程是实践性很强的课程，要注意理论与工程实际的应用。重视实验与课程设计。

（5）注重职业道德的培养，养成良好的职业习惯。电子技术工作是严、细、实的技术工作，必须有良好的职业习惯，在实验实习时必须严格遵守实验规则和安全操作规程，防止损坏仪器设备和发生重大设备、人身安全事故。正确使用仪表，正确读数，养成严谨细致的工作作风。

？想一想

1. 什么是模拟信号？什么是数字信号？
2. 生活中有哪些信号是模拟信号，哪些信号是数字信号？

项目 1　逻辑门电路的认识与测试

学习目标

📖 应知

(1) 了解数字信号与模拟信号的区别。

(2) 会进行二进制数、十进制数和十六进制数之间的相互转换。

(3) 了解 8421BCD 码的表示形式。

(4) 了解基本逻辑门、复合逻辑门的逻辑功能和逻辑符号。

(5) 了解 TTL、CMOS 集成门电路的型号、逻辑功能和逻辑符号。

(6) 熟悉逻辑代数的基本公式、基本定律和用代数法化简逻辑函数。

📖 应会

(1) 初步学会查阅数字集成电路手册和上网查寻集成门电路。

(2) 认识集成门电路的外形和封装，能合理使用集成门电路。

(3) 认识常见 TTL、CMOS 集成门电路的型号及引脚，会测试其逻辑功能。

(4) 初步学会简单数字电路的制作。

📖 引言

在电子线路中处理模拟信号的电路称为模拟电路，处理数字信号的电路称为数字电路。两者有什么不同呢？那就从学习本单元描述有关数字电路的基础知识开始了解吧。

任务 1.1　数制与编码

1.1.1　数制

人们在生产和生活中，创造了各种不同的计数方法，采用哪种方法计数，是根据需要和方便而定的。数制就是计数的方法。常用的计数方法有十进制、二进制、八进制、十六进制等，下面分别介绍这几种进制。

1. 十进制数

十进制数是人们在日常生活中最熟悉的一种数制，它有 0、1、2、3、4、5、6、7、8、9 十个数码，基数为 10。计数规则是逢十进一或借一当十。

每一位数码根据它在数中的位置不同，代表不同的值，n 位十进制数中，第 i 位所表示的数值就是处在第 i 位的数字乘上 10^i（基数的 i 次幂）。常把基数的 i 次幂叫做第 i 位的位权。

第 0 位的位权就是 10^0，第 1 位的位权就是 10^1，第 2 位的位权是 10^2，第 3 位的位权是 10^3。例如

$$2567 = 2 \times 10^3 + 5 \times 10^2 + 6 \times 10^1 + 7 \times 10^0$$

又如　　　　$5230.45 = 5 \times 10^3 + 2 \times 10^2 + 3 \times 10^1 + 0 \times 10^0 + 4 \times 10^{-1} + 5 \times 10^{-2}$

式中的下标 10 表示（N）是十进制数，下标也可以用字母 D 来代替。

例如　　　　　　　　　　　　$(75)_{10} = (75)_D$

十进制数要用电路来实现是非常困难的，通常在数字电路中一般不直接采用十进制数。

2. 二进制数

二进制数只有 0、1 两个数码，基数为 2，计数规则是逢二进一或借一当二。其位权为 2 的整数幂，按权展开式的规律与十进制相同。

例如　　　　　　　　$(1011)_2 = 1 \times 2^3 + 0 \times 2^2 + 1 \times 2^1 + 1 \times 2^0$

又如　　　$(1001.01)_2 = 1 \times 2^3 + 0 \times 2^2 + 0 \times 2^1 + 1 \times 2^0 + 0 \times 2^{-1} + 1 \times 2^{-2}$

式中的下标 2 表示（N）是二进制数，下标也可以用字母 B 来代替。

由于二进制数只有 0 和 1 两个数码，便于电路实现，且二进制的基本运算操作方便，因此在数字系统中被广泛使用。

3. 八进制数和十六进制数

由于二进制数在使用时，位数经常很多，不便于书写和记忆，在数字系统中常采用八进制和十六进制来表示二进制数。

（1）八进制数有 0、1、2、3、4、5、6、7 八个数码，基数为 8，各位的位权是 8 的整数幂，其计数规则是逢八进一或借一当八。

下标也可以用字母 O 来代替。

例如　　　$(1536)_8 = (1536)_O = 1 \times 8^3 + 5 \times 8^2 + 3 \times 8^1 + 6 \times 8^0$

（2）十六进制数有 0、1、2、3、4、5、6、7、8、9、A、B、C、D、E、F 十六个数码，符号 A～F 分别代表十进制的 10～15，基数为 16，其计数规则是逢十六进一或借一当十六。

下标也可以用字母 H 来代替。

例如　　$(39FA)_{16} = (39FA)_H = 3 \times 16^3 + 9 \times 16^2 + 15 \times 16^1 + 10 \times 16^0$

 想一想

　　为什么在数字电路中不使用十进制、十六进制，而使用二进制呢？

1.1.2　几种数制之间的相互转换

1. 非十进制数转换为十进制数

所谓非十进制数转换为十进制数，就是把非十进制数转换为等值的十进制数。转换方法只需将非十进制数按权展开，然后相加，就可以得出结果。

【例 1.1-1】　$(11011.01)_2 = ($　　　　$)_{10}$

解：　$(11011.01)_2 = 1 \times 2^4 + 1 \times 2^3 + 0 \times 2^2 + 1 \times 2^1 + 1 \times 2^0 + 0 \times 2^{-1} + 1 \times 2^{-2}$

$\qquad\qquad\quad = 2^4 + 2^3 + 2^1 + 1 + 2^{-2}$

$\qquad\qquad\quad = (27.25)_{10}$

【例 1.1-2】　$(126)_8 = ($　　　　$)_{10}$

解：
$$(126)_8 = 1 \times 8^2 + 2 \times 8^1 + 6 \times 8^0$$
$$= 64 + 16 + 6$$
$$= (86)_{10}$$

【例 1. 1-3】 $(5A7)_{16} = ($ 　　　$)_{10}$

解：
$$(5A7)_{16} = 5 \times 16^2 + 10 \times 16^1 + 7 \times 16^0$$
$$= 5 \times 256 + 160 + 7$$
$$= (1447)_{10}$$

2. 十进制数转换为非十进制数

所谓十进制数转换为非十进制数，就是把十进制数转换为等值的非十进制数。把十进制数转换为非十进制数，需要把十进制的整数部分和小数部分分别进行转换，然后在把它们合并起来。

十进制的整数部分可以采用连除法，即用转换计数的基数连续除该数，直到除得的商为 0 为止。每次除完所得余数就作为要转换数的系数，取最后一位余数为最高位，依次按从低位到高位顺序排列。这种方法可概括为"除基数，得余数，作系数，从低位到高位"。

【例 1. 1-4】 $(38)_{10} = ($ 　　　$)_2$

解：

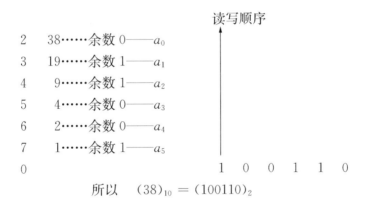

所以　$(38)_{10} = (100110)_2$

由于八进制数和十六进制数与二进制数之间的转换关系非常简单，可以利用二进制数直接转化为八进制数和十六进制数。

二进制数转换成八进制数，只要把二进制数从低位到高位，每三位分成一组，高位不足三位时补 0，写出相应的八进制数，就可以得到二进制数的八进制转换值。反之，将八进制数中每一位都写成相应的三位二进制数所得到的就是八进制的二进制转换值。

例如：　$(81)_{10} = (1010001)_2 = (001\quad 010\quad 001) = (121)_8$
$$\qquad\qquad\qquad\qquad\quad \downarrow\quad\ \ \downarrow\quad\ \ \downarrow$$
$$\qquad\qquad\qquad\qquad\quad 1\quad\ \ 2\quad\ \ 1$$

$(27)_8 = (\ 2\qquad 7\ )_8 = (10111)_2$
$$\qquad\ \downarrow\quad\ \ \downarrow$$
$$\qquad 010\quad 111$$

同理，二进制数转换成十六进制数，只需要把二进制数从低位到高位，每四位分成一组，高位不足 4 位时补 0，写出相应的十六进制数，所得到的就是十六进制转换值。反之将十六进制数中的每一位都写成相应的四位二进制数，便可得十六进制数的二进制转换值。

例如　　　$(375)_{10} = (11011011)_2 = (1101\quad 1011)_2 = (DB)_{16}$

$$\hspace{6cm}\downarrow\quad\;\;\downarrow$$

$$\hspace{6cm}D\qquad B$$

$(7A)_{16} = (\;7\qquad A\;)_{16} = (01111010)_2$

$$\hspace{3.5cm}\downarrow\quad\;\;\downarrow$$

$$\hspace{3.2cm}0111\quad 1010$$

各种进制转换对照表，见表 1.1-1。

表 1.1-1　　　　　　　　　　　　　　各种进制对照表

十进制数	二进制数	八进制数	十六进制数
0	00000	0	0
1	00001	1	1
2	00010	2	2
3	00011	3	3
4	00100	4	4
5	00101	5	5
6	00110	6	6
7	00111	7	7
8	01000	10	8
9	01001	11	9
10	01010	12	A
11	01011	13	B
12	01100	14	C
13	01101	15	D
14	01110	16	E
15	01111	17	F

练一练

1. 将二进制数转化成十进制数和十六进制数。

$(1011101)_2 = (\qquad)_{10} = (\qquad)_{16}$

$(11010)_2 = (\qquad)_{10} = (\qquad)_{16}$

2. 将十进制数转换成二进制和十六进制数。

$(52)_{10} = (\qquad)_2 = (\qquad)_{16}$

知识拓展

1.1.3　码制

数字电路中的信息分为两种，一种是数值信息，另一种是文字、符号信息，码制是指用二进制数表示数字或字符的编码方法。编码是给二进制数组定义特定含义的过程，例如用二进制数来描述左、右、前、后四个方向，可以定义二进制数 D_1D_0 来表示方向，00→左、01→右、10→前、11→后，这些关系的定义完全是随机的，一旦定义后，D_1D_0 的不同值就代表了不同的含义。在日常生活中编码的种类很多，如运动员的编号、学生的学号、住房门牌号等。

由于十进制数码（0~9）不能在数字电路中运行的，通常必须要转换为二进制数，常用 4 位二进制数进行编码来表示 1 位十进制数。这种用二进制编码表示的十进制数称为二-十进制编码，简称 BCD 码。

由于 4 位二进制代码可以有 16 种不同的组合形式，用来表示 0~9 十个数字，只用到其中 10 种组合，因而编码的方式很多，其中一些比较常用，如 8421BCD 码、5421 码、2421 码、余三码等，几种常用的 BCD 编码见表 1.1-2。

表 1.1-2   几种常用的 BCD 编码

十进制数码 ＼ BCD 码	8421 码	5421 码	2421 码	余 3 码（无权码）	格雷码（无权码）
0	0000	0000	0000	0011	0000
1	0001	0001	0001	0100	0001
2	0010	0010	0010	0101	0011
3	0011	0011	0011	0110	0010
4	0100	0100	0100	0111	0110
5	0101	1000	1011	1000	0111
6	0110	1001	1100	1001	0101
7	0111	1010	1101	1010	0100
8	1000	1011	1110	1011	1100
9	1001	1100	1111	1100	1000

在数字电路中使用最多的是 8421BCD 码。

【例 1.1-5】 将 $(78)_{10}$ 转换成 8421BCD 码。

解： $(\ \ 7\ \ \ \ \ \ 8\ \ \ )_{10} = (0111\ 1000)_{8421BCD}$

      ↓   ↓

   0111   1000

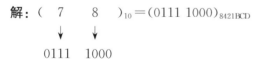

1. 将下列各数转换为 8421BCD 码。

(1) $(10010111)_2$ (2) $(11011011)_2$ (3) $(251)_{10}$ (4) $(637)_{10}$

2. 将下列 8421BCD 码转换为十进制数。

(1) $(01011001)_{8421BCD}$ (2) $(001001110011)_{8421BCD}$

任务 1.2   逻辑门电路

1.2.1   基本逻辑关系

用逻辑变量表示输入，逻辑函数表示输出，结果与条件之间的关系称为逻辑关系。基本的逻辑关系有三种，即与、或、非。与之相应逻辑代数中的三种基本运算为与、或、非运算。

1. 与逻辑（与运算）

当决定一件事情的所有条件全部具备之后，这件事才会发生，这种因果关系叫做与逻辑。

实际生活中，这种与逻辑关系比比皆是。例如在图 1.2-1（a）所示电路中，只有开关 A 与 B 全部闭合时，灯 L 才会亮。显然对灯 L 亮来说，开关 A 与开关 B 闭合是"灯 L 亮"的全部条件。所以，L 与 A 和 B 的关系就是逻辑与的关系。图 1.2-1（b）是该电路的原理图。

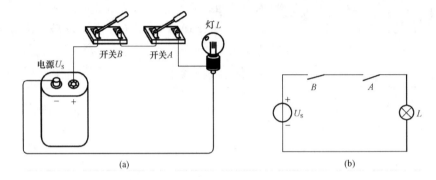

图 1.2-1 与逻辑电路实例

（a）实物接线图；（b）电路原理图

功能表：把开关 A、B 和灯 L 的状态对应关系列在一起，所得到的就是反映电路基本逻辑关系的功能表，见表 1.2-1。

表 1. 2-1　　　　　　　　　　与逻辑功能表

开关 A	开关 B	灯 L	开关 A	开关 B	灯 L
断	断	灭	合	断	灭
断	合	灭	合	合	亮

真值表：通常把结果发生和条件具备用逻辑 1 表示，结果不发生和条件不具备用逻辑 0 表示。如果用 1 表示开关 A、B 闭合，0 表示开关断开，1 表示灯 L 亮，0 表示灯 L 灭，则根据表 1.2-1 就可列出反映与逻辑关系的真值表 1.2-2。

表 1. 2-2　　　　　　　　　　与逻辑真值表逻辑符号及规律

真 值 表			逻辑符号	运算规律
A	B	L		
0	0	0		
0	1	0	A —— & —— L	有 0 出 0
1	0	0	B ——	全 1 出 1
1	1	1		

上述逻辑变量的与逻辑关系可以表示为

$$L = A \cdot B$$

从与逻辑真值表中可概括出与逻辑规律"输入全 1，输出则 1；输入有 0，输出则 0"，其逻辑符号国际上和国标中用图见表 1.2-2。

2. 或逻辑（或运算）

在决定一件事情的所有条件中，只要有一个或者一个以上条件具备，这件事就会发生，这样的因果关系称为或逻辑。

例如在图 1.2-2（a）所示电路中，只要开关 A 或者开关 B 有一个合上或者两个开关都闭合时，灯 L 就会亮。图 1.2-2（b）是该电路的原理图。同上面分析与逻辑一样，或逻辑的功能表见表 1.2-3。或逻辑的真值表，逻辑符号及逻辑规律见表 1.2-4。

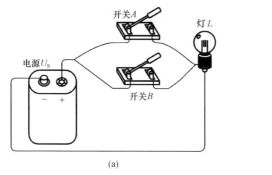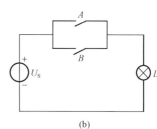

图 1.2-2　或逻辑电路实例

（a）实物接线图；（b）电路原理图

表 1.2-3　　　　　　　　　　　　**或逻辑功能表**

开关 A	开关 B	灯 L	开关 A	开关 B	灯 L
断	断	灭	合	断	亮
断	合	亮	合	合	亮

表 1.2-4　　　　　　　　　　　**或逻辑真值表逻辑符号及规律**

真　值　表			逻辑符号	运算规律
A	B	L		
0	0	0		
0	1	1	A ———[≥1]——— L B	有 1 出 1
1	0	1		全 0 出 0
1	1	1		

上述两个变量的或逻辑可以表示为

$$L = A + B$$

逻辑式中"+"表示"或"运算，即逻辑加法运算。所以或逻辑又叫逻辑加。

3. 非逻辑

非就是反，就是否定。只要决定一事件的条件具备了，这件事便不会发生，而当此条件不具备时，事件一定发生，这样的因果关系叫逻辑非，也就是非逻辑。

在图 1.2-3（a）所示电路中，开关 $A(A=1)$ 闭合时，灯 $L(L=0)$ 灭；开关 $A(A=0)$ 断开时，灯 $L(L=1)$ 亮。图 1.2-3（b）是该电路的原理图。非逻辑的功能表见表 1.2-5，非逻辑的真值表，逻辑符号、逻辑规律见表 1.2-6。

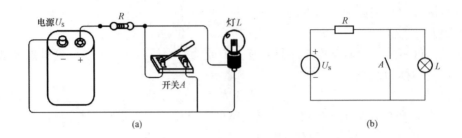

图 1.2-3 非逻辑电路实例

（a）实物接线图；（b）电路原理图

表 1.2-5   非逻辑功能表

开关 A	灯 L
断	亮
合	灭

表 1.2-6   非逻辑真值表，逻辑符号及规律

真　值　表		逻辑符号	运算规律
A	L		
0	1		进 0 出 1
1	0		进 1 出 0

上述关系可表示为

$$L = \overline{A}$$

想一想

生活中有哪些与、或、非的逻辑关系？

1.2.2 复合门电路

将三种基本门电路进行组合就构成了复合门电路。

1. 与非门

把与门和非门组合就构成了"与非门"如图 1.2-4（a）所示，其逻辑符号如图 1.2-4

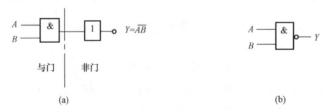

图 1.2-4 与非门电路

（a）电路结构图；（b）逻辑符号

（b）所示。

2. 或非门

将或门与非门组合就构成了"或非门"如图 1.2-5（a）所示，其逻辑符号如图 1.2-5（b）所示。

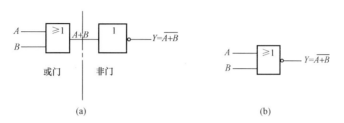

图 1.2-5 或非门电路

（a）电路结构图；（b）逻辑符号

3. 与或非门

将两个与门和一个或非门组合起来就构成了"与或非门"如图 1.2-6（a）所示，其逻辑符号如图 1.2-6（b）所示。

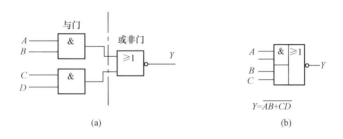

图 1.2-6 与或非门电路

（a）电路结构图；（b）逻辑符号

4. 异或门电路

异或运算是指两个输入变量取值相同时输出为 0，取值相反时输出为 1。异或门的逻辑表达式为

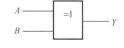

$$Y = \overline{A}B + A\overline{B} = A \oplus B$$

图 1.2-7 异或门逻辑符

式中符号 $\oplus$ 表示异或运算。功能描述：相同出 0，不同出 1。异或门逻辑符号如图 1.2-7 所示，真值表见表 1.2-7。

表 1.2-7 异或门真值表

A	B	$Y = A \oplus B$	A	B	$Y = A \oplus B$
0	0	0	1	0	1
0	1	1	1	1	0

在数字电路中经常用异或门作为判别两个输入信号是否相同的门电路。如异或门输入 A =1101001000110100111，B =1001001000110 时，输出 Y =0100000000000000010，通过对

Y 中有多少个 1 的统计，就能计算出 A 和 B 中有几位不相同。最典型的应用就是比较发信端和收信端的数字信号有无变化，以判断数字信号在传输中有没有误码。

练一练

1. 将与非门逻辑电路的逻辑功能填入下表。

A	B	$Y=\overline{AB}$
0	0	
0	1	
1	0	
1	1	

2. 将或非门逻辑电路的逻辑功能填入下表。

A	B	$Y=\overline{A+B}$
0	0	
0	1	
1	0	
1	1	

知识拓展

1.2.3 集成门电路

数字电路按构成门电路的形式不同，可分为分立元件门电路和集成门电路两类。集成门电路是将各个元件制作在一块面积很小的硅片上，再封装起来而构成的。具有体积小、重量轻、工作可靠性高、抗干扰能力强及价格低等优点，目前已得到广泛使用。按照内部所采用的元器件不同，又可分为 TTL 和 COMS 集成逻辑门两大类。

1. TTL 集成逻辑门电路

TTL 集成逻辑门电路是晶体管逻辑门电路的简称，是一种双极型晶体管集成电路。

（1）TTL 集成门电路产品系列及型号的命名法。TTL 电路产品型号较多，国外有美国德克萨斯公司 SN54/74 系列、摩托罗拉公司 MC5474 系列等，其中 54 为军用产品，74 为工业产品（主要包括标准型、高速型、低功耗型、肖特基型、低功就肖特基型等）。我国 TTL 集成电路目前有 CT54/74（普通），CT54/74H（高速）、CT54/745（肖基特）、CT54/74LS（低消耗）等四个系列国家标准的集成门电路。其型号组成含义见表 1.2-8。

表 1.2-8　　　　　　　　　TTL 器件型号组成的符号及意义

第 1 部分		第 2 部分		第 3 部分		第 4 部分		第 5 部分	
型号前级		工作温度符号范围		器件系列		器件品种		封装形式	
符号	意义	符号	意义	符号	意义	附号	意义	符号	意义
CT	中国制造的 TTL 类	54	$-55℃\sim+125℃$	H	高速	阿拉伯数字	器件功能	W	陶瓷扁平
				S	肖特基			B	塑装扁平
				LS	低功耗肖特基			F	全密装扁平
SN	美国 TEXAS 公司产品	74	$0℃\sim+70℃$	AS	先进肖特基			D	陶瓷双列直插
				ALS	先进低功耗肖特基			P	塑料双列直插
				FAS	快捷肖特基			J	黑陶瓷双列直插

例如：

CT 74 H 10 F

封装形式：全密封扁平封装
器件品名：三 3 输入与非门
器件系列：高速
温度范围：0～+70℃
中国制造：TTL器件

（2）常用 TTL 集成门芯片。下面我们重点介绍常用的 74LS00、74LS04、74LS20、74LS86 集成门电路的功能、性能指标、引脚排列及应用。

1）74LS00：图 1.2-8（a）所示为 TTL 集成与非门 74LS00 的实物图，图 1.2-8（b）所示为 TTL 集成与非门 74LS00 的引脚排列图，内部集成了四个相互独立的与非门，每个与非门有两个输入端，简称为四 2 输入与非门。

2）74LS20：图 1.2-9 所示为 TTL 集成与非门 74LS20 的引脚排列图，其内部集成了两个相互独立的与非门，每个与非门有四个输入端，简称为二 4 输入与非门。

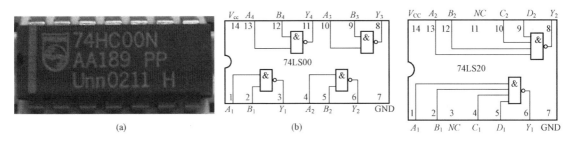

图 1.2-8 74LS00 实物与引脚排列图
（a）芯片实物图；（b）引脚排列图

图 1.2-9 74LS20 引脚排列图

3）74LS30：图 1.2-10 所示为 TTL 集成与非门 74LS30 的引脚排列图，其内部集成了一个 8 输入端的与非门，简称为 8 输入与非门。

4）74LS04：图 1.2-11 所示为 TTL 集成非门 74LS04 的引脚排列图，其内部集成了六个相互独立的非门，简称为六非门（六反相器）。

5）74LS86：图 1.2-12 所示为 TTL 集成异或门 74LS86 的引脚排列图，其内部集成了四个相互独立的异或门，简称为四异或门。

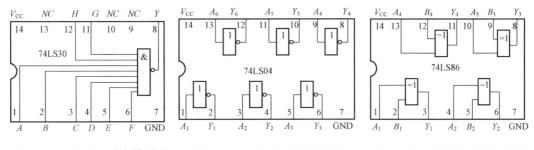

图 1.2-10 74LS30 引脚排列图　　图 1.2-11 74LS04 引脚排列图　　图 1.2-12 74LS86 引脚排列图

（3）TTL 集成电路使用常识。实际工作中 TTL 集成电路使用注意事项见表 1.2-9。

表 1.2-9　　　　　　　　　　　　　**TTL 集成电路使用注意事项**

要　点	说　明
对电源的要求	TTL 电路的电源电压不能高于＋5.5V，且电路正负极性不能接反，否则会使集成电路损坏
对输入电压的要求	输入电压不允许超过电源电压范围
对测试仪表的要求	测试所有电路的仪器、仪表均应良好接地
对多余输入端的处理	电路输入端不允许悬空，因为悬空的输入端输入电位不定，会破坏电路的正常逻辑关系，而且易受外界噪声干扰，使电路误动作，甚至损坏。对与非门、与门的多余输入端应接高电平，而或非门、或门的多余输入端应接低电平
装拆时注意点	在接通电源的情况下，不允许装拆电路

2. CMOS 集成逻辑门电路

　　除了晶体管集成电路外，还有一种由场效应晶体管组成的电路，这就是 CMOS 集成电路。CMOS 集成门电路具有功耗低、电源电压范围宽、抗干扰能力强、制造工艺简单、集成度高、宜于实现大规模集成等优点，因而在数字电路，电子计算机及显示仪表等许多方面获得了广泛的应用。

　　（1）CMOS 逻辑门电路产品系列及型号的命名法。CMOS 逻辑门器件有三大系列，即4000 系列、74CXX 系列和硅-氧化铝系列。前两个系列应用很广，而硅-氧化铝系列因价格昂贵目前尚未普及。

　　表 1.2-10 列出了 4000 系列 CMOS 器件型号组成符号及意义。

表 1.2-10　　　　　　　　　　**4000 系列 CMOS 器件型号组成符号及意义**

第 1 部分		第 2 部分		第 3 部分		第 4 部分	
产品制造单位		器件系列		器件系列		工作温度范围	
符号	意义	符号	意义	符号	意义	符号	意义
CC	中国制造的 CMOS 类型	40	系列符号	阿拉伯数字	器件功能	C	0℃～＋70℃
						E	－40℃～＋85℃
OD	美国无线电公司产品	45				R	－55℃～＋85℃
TC	日本东芝公司产品	145				M	－55℃～＋125℃

　　例如：

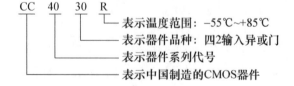

　　（2）CMOS 集成电路使用常识。实际工作中 CMOS 集成电路使用注意事项见表 1.2-11。

表 1.2-11   CMOS 集成电路使用注意事项

要 点	说 明
对电源的要求	电路对电源要求不是很严格，但电路正负极性不能接反，否则会使集成电路损坏
对输入电压的要求	输入电压不允许超过电源电压范围
对测试仪表的要求	测试所有电路的仪器、仪表均应良好接地
对多余输入端的处理	电路输入端不允许悬空，因为悬空的输入端输入电位不定，会破坏电路的正常逻辑关系，而且易受外界噪声干扰，是电路误动作，甚至损坏。对与非门、与门的多余输入端应接高电平，而或非门、或门的多余输入端应接低电平
装拆是注意点	在接通电源的情况下，不允许装拆电路

3. 集成逻辑门电路的选用

（1）对要求功耗低，抗干扰能力强的场合，应选用 CMOS 集成逻辑门电路，其中 4000 系列一般用于工作频率 1MHz 以下，驱动能力要求不高的场合，74HC 系列常用于工作频率 20MHz 以下，驱动能力要求较高的场合。

（2）对功耗和抗干扰能力要求不高的场合，可选用 TTL 集成逻辑门电路，目前多用 74LS 系列，它的功耗较小，工作频率一般为 20MHz；如果工作频率要求较高，可选用 74ALS 系列，其工作频率一般可用至 50MHz。

 练一练

1. 在图书馆或上网查阅具有与逻辑功能、或逻辑功能、与非逻辑功能、与或非逻辑功能和异或逻辑功能的芯片型号，将查找的型号填在下表中。

序号	模块功能	芯片型号	
		TTL 系列	CMOS 系列
1	与逻辑功能		
2	与非逻辑功能		
3	与或非逻辑功能		
4	异或逻辑功能		

2. 分别画出与门、或门、非门的逻辑符号，并说明其逻辑功能。

任务 1.3   逻辑函数的表示方法及相互转换

1.3.1   逻辑函数的表示方法

逻辑函数可以有多种表示方法，如真值表、逻辑函数表达式、逻辑图、时序图（波形图）等，它们各有特点，在实际工作中需要根据具体情况选用。

1. 逻辑真值表

真值表是把变量的全部取值组合和相应的函数值都一一对应地列在表格中，以表格的形式表示逻辑函数，具有直观明了的优点，在许多数字集成电路手册中，常常以真值表的形式给出器件逻辑功能。

2. 逻辑函数表达式

逻辑函数表达式用基本逻辑运算符号表示了各个变量之间的逻辑关系，书写简洁方便，便于通过逻辑代数进行化简或变换。

3. 逻辑图

将逻辑函数的对应关系用对应的逻辑符号表示，就可以得到逻辑图。由于逻辑符号通常有相对应的逻辑器件，因此，逻辑图也叫逻辑电路图。

逻辑函数表达式和逻辑图都不是唯一的，可以有不同的形式。

1.3.2　三种表示方法间的相互转换

同一个逻辑函数可以用几种不同的方法描述，在本质上它们是相通的，所以这几种方法之间必然能互相转换。

1. 由真值表与逻辑函数表达式的相互转换

由真值表求逻辑函数表达式的方法是：将真值表中每一组函数值 F 为 1 的输入变量都写成一个乘积项，在这些乘积项中，取值为 1 用原变量表示，取值为 0 用反变量表示，将这些乘积项相加，就得到了逻辑函数表达式。

【例 1.3-1】　已知真值表见表 1.3-1，试写出对应的逻辑函数表达式。

表 1.3-1　　　　　　　　　　　　　　　　例 1.3-1 的真值表

A	B	F	A	B	F
0	0	1	1	0	0
0	1	0	1	1	1

解：由真值表可知使输出 F 为 1 的变量组合是

$$A=0 \qquad B=0; \qquad A=1 \qquad B=1$$

由上述的转换方法，可以写出逻辑函数表达式为

$$F = \overline{A}\,\overline{B} + AB$$

2. 逻辑函数表达式与逻辑图的转换

（1）根据逻辑函数表达式画出逻辑图。其方法是：将逻辑逻辑符号代替逻辑函数运算符号所表达的逻辑函数表达式，就可以得到对应的逻辑函数表达式。

【例 1.3-2】　已知逻辑函数表达式为 $Y = AB + \overline{A}\,\overline{B}$，画出对应的逻辑图。

解：将式中所有与、或、非的运算符号用逻辑符号代替，按照运算优先顺序正确连接起来，就可以画出图 1.3-1 所示的逻辑图。

（2）由逻辑图写出逻辑函数表达式。方法是：从输入到输出将逻辑图中的每个逻辑符号所表示的逻辑运算依次写出来，即可以得到逻辑函数表达式。

【例 1.3-3】　已知逻辑图如图 1.3-2 所示，试写出逻辑函数表达式。

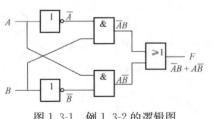

图 1.3-1　例 1.3-2 的逻辑图

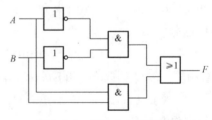

图 1.3-2　例 1.3-3 的逻辑图

解： 从输入端 A、B 开始，依次写出每个门电路的输出端函数表达式，得到

$$Y = AB + \overline{A}\,\overline{B}$$

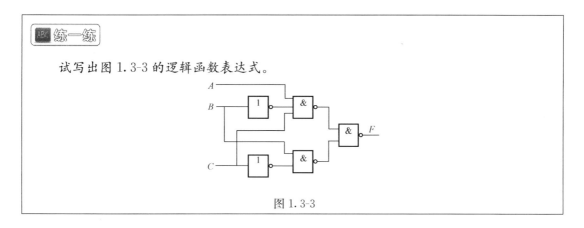

图 1.3-3

任务1.4　逻辑函数化简

在数字电路中，同一个逻辑函数，可以有不同的逻辑表达式。电路的状态用"1"和"0"表示，所以输出与输入之间的关系也可以用二进制代数（也称作逻辑代数）作为数学工具。用逻辑代数的基本定律可以对逻辑函数式进行恒等变换和化简，用最少的电路元器件来实现相同的逻辑功能，既可以降低电路成本，又可以提高电路工作的可靠性。

逻辑表达式的化简，是指通过一定方法把逻辑表达式化为最简单的式子。常用的化简方法有代数化简法和卡诺图化简法。这里主要介绍代数化简法。

1.4.1　逻辑代数的基本定律

表 1.4-1 列出了逻辑代数的基本公式和基本规律。

表 1.4-1　　　　　　　　　　逻辑代数基本公式和基本定律

名称	公式1	公式2
0-1 律	$A \cdot 1 = A$ $A \cdot 0 = 0$	$A + 0 = A$ $A + 1 = 1$
互补律	$A \cdot \overline{A} = 0$	$A + \overline{A} = 1$
重叠律	$A \cdot A = A$	$A + A = A$
交换律	$AB = BA$	$A + B = B + A$
结合律	$A(BC) = (AB)C$	$A + (B + C) = (A + B) + C$
分配律	$A(B + C) = AB + AC$	$A + BC = (A + B)(A + C)$
反演律	$\overline{AB} = \overline{A} + \overline{B}$	$\overline{A + B} = \overline{A} \cdot \overline{B}$
吸收律	$A(A + B) = A$ $A(\overline{A} + B) = AB$ $(A + B)(\overline{A} + C)(B + C) = (A + B)(\overline{A} + C)$	$A + AB = A$ $A + \overline{A}B = A + B$ $AB + \overline{A}C + BC = AB + \overline{A}C$
对合律	$\overline{\overline{A}} = A$	

1.4.2　逻辑函数的代数化简法

代数化简法实质就是反复使用逻辑代数的基本公式和常用公式，消去多余的乘积项和每个乘积项中的多余因子，从而得到最简表达式。

【例 1.4-1】　化简逻辑函数：

(1) $Y = AB\overline{C} + ABC$

(2) $Y = A(BC + \overline{B}\,\overline{C}) + A(B\overline{C} + \overline{B}C)$

解： 运用公式 $A + \overline{A} = 1$ 化简。

(1) $Y = AB\overline{C} + ABC = AB(\overline{C} + C) = AB$

(2) $Y = A(BC + \overline{B}\,\overline{C}) + A(B\overline{C} + \overline{B}C) = ABC + A\overline{B}\,\overline{C} + AB\overline{C} + A\overline{B}C = AB(C + \overline{C}) + A\overline{B}(C + \overline{C}) = AB + A\overline{B} = A(B + \overline{B}) = A$

【例 1.4-2】　化简逻辑函数 $Y = A\overline{B} + A\overline{B}(C + DE)$。

解： 运用公式 $A + AB = A$ 化简。

$Y = A\overline{B} + A\overline{B}(C + DE) = A\overline{B}(1 + (C + DE)) = A\overline{B}$

【例 1.4-3】　化简逻辑函数：

(1) $Y = AB + \overline{A}C + \overline{B}C$

(2) $Y = \overline{A} + AB + \overline{B}E = \overline{A} + B + \overline{B}E = \overline{A} + B + E$。

解： 运用公式 $A + \overline{A}B = A + B$ 化简。

(1) $Y = AB + \overline{A}C + \overline{B}C = AB + (\overline{A} + \overline{B})C = AB + \overline{AB}C = AB + C$

(2) $Y = \overline{A} + AB + \overline{B}E = \overline{A} + B + \overline{B}E = \overline{A} + B + E$

【例 1.4-4】　化简逻辑函数 $L = A\overline{B} + A\overline{C} + A\overline{D} + ABCD$。

解： $L = A(\overline{B} + \overline{C} + \overline{D}) + ABCD = A\,\overline{BCD} + ABCD = A(\overline{BCD} + BCD) = A$

【例 1.4-5】　化简逻辑函数 $L = AD + A\overline{D} + AB + \overline{A}C + BD + A\overline{B}EF + \overline{B}EF$。

解： $L = A + AB + \overline{A}C + BD + A\overline{B}EF + \overline{B}EF$（利用 $A + \overline{A} = 1$）

$\qquad = A + \overline{A}C + BD + \overline{B}EF$（利用 $A + AB = A$）

$\qquad = A + C + BD + \overline{B}EF$（利用 $A + \overline{A}B = A + B$）

任务 1.5 集成门电路逻辑功能测试

1.5.1 任务目标

(1) 认识集成门电路。
(2) 了解集成门电路外引脚功能。
(3) 认识常用测试仪器仪表。
(4) 掌握集成门电路的测试方法。

1.5.2 逻辑功能测试

1. 主要元器件准备

为了保证电路功能正常实现，安装前必须要先进行元器件的清点和检测，请根据所学知识按照表 1.5-1 对所有元器件进行检测，并填写检测结果。

表 1.5-1　　　　　　　　　　　　　元器件检测结果

符号	名称	规格	检测结果	符号	名称	规格	检测结果
R_1、R_2	电阻	1kΩ		U1	四 2 输入与非门	74LS00	
S1、S2	按键			U2	四 2 输入或非门	CC4001	
LED1	发光二极管	Φ3					

2. TTL 与非门逻辑功能测试

74LS00 芯片各引脚功能如图 1.5-1 所示。在数字电路实验箱上（或单独利用印制电路板板），图 1.5-2（a）为测试电路原理图，参照实物连接示意图 1.5-2（b）接线。将 1 脚接电源正极，7 脚接电源负极，将 74LS00 中一个与非门的两个输入端分别串接 1kΩ 电阻接电源 V_{CC}，为高电平输入（1 状态），输入端用导线接地为低电平输入（0 状态）。输出端接发光二极管，灯亮为"1"状态，灯灭为"0"状态。

检查无误后，接通电源，按表 1.5-2 改变输入端逻辑值，观察输出端二极管的发光状态。将测试数据填入表 1.5-2 中。74LS00 测试电路如图 1.5-3 所示。

表 1.5-2　**74LS00 逻辑功能测试结果**

A	B	Y
0	0	
0	1	
1	0	
1	1	

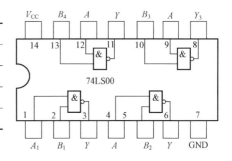

图 1.5-1　74LS00 引脚图

3. CMOS 或非门逻辑功能测试

CMOS 集成逻辑门电路 CC4001 芯片各引脚如图 1.5-4 所示。图 1.5-5（a）为测试电路原理图，参照实物连接示意图 1.5-2（b）接线。将第 14 脚接电源正极，7 脚接电源负极，将 CC4001 中的

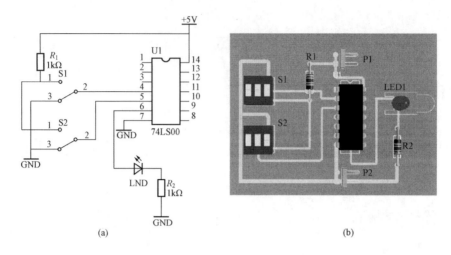

(a)　　　　　　　　　　　　　　　　(b)

图 1.5-2　74LS00 测试电路图

（a）测试电路原理图；（b）实物连接示意图

一个或非门的两个输入端分别串接两个电平开关，输出端接到发光二极管上。

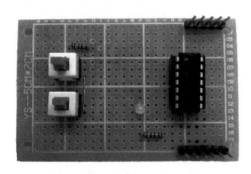

图 1.5-3　74LS00 测试电路

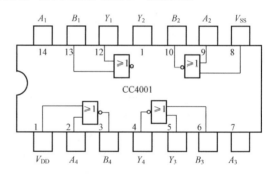

图 1.5-4　CC4001 芯片引脚图

检查无误后，接通电源，按表 1.5-3 改变输入端逻辑值，观察输出端二极管的发光状态。将测试数据填入表中。CC4001 测试电路如图 1.5-6 所示。

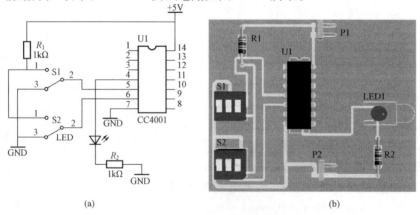

(a)　　　　　　　　　　　　　　　　(b)

图 1.5-5　CC4001 测试电路图

（a）测试电路原理图；（b）实物连接示意图

表 1.5-3　　　　　　　　　　　**CC4001 逻辑功能测试**

A_1	B_1	Y_1	A_1	B_1	Y_1
0	0		1	0	
0	1		1	1	

注意：CC4001 集成门电路多余的输入端不可悬空，应接地。

1.5.3　问题讨论

（1）TTL 集成门电路的电源电压是多少？COMS 集成门电路的电源电压是多少？

（2）如何识读 TTL 和 CMOS 门电路的引脚编号？

1.5.4　技能评价

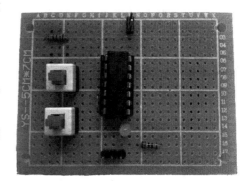

图 1.5-6　74LS00 测试电路实物

1. 自我评价（40 分）

首先由学生根据实训任务完成情况进行自我评价，评分值填入表 1.5-4 中。

表 1.5-4　　　　　　　　　　　**自 我 评 价 表**

项目内容	配分	评分标准	扣分	得分
1. 选配元器件	10 分	（1）能正确选配元器件，选配出现一个错误扣 1～2 分 （2）能正确测量电阻值，出现一个错误扣 1～2 分		
2. 安装工艺与焊接质量	30 分	安装工艺与焊接质量不符合要求，每处可酌情扣 1～3 分，例如 （1）元器件成形不符合要求 （2）元器件排列与接线的走向错误或明显不合理 （3）导线连接质量差，没有紧贴电路板 （4）焊接质量差，出现虚焊、漏焊、搭锡等		
3. 电路调试	20 分	（1）电路一次通电调试成功，得满分 （2）如在通电调试时发现元器件安装或接线错误，每处扣 3 分		
4. 电路测试	20 分	（1）能正确使用万用表测量电压，且记录完整，可得满分 （2）否则每项酌情扣 2～5 分		
5. 安全、文明操作	20 分	（1）违反操作规程，产生不安全因素，可酌情扣 7～10 分 （2）着装不规范，可酌情扣 3～5 分 （3）迟到、早退、工作场地不清洁，每次扣 5～10 分		
总评分＝（1～5 项总分）×40%				

签名：_____　___年___月___日

2. 小组评价（30分）

由同一实训小组的同学结合自评的情况进行互评，将评分值填入表1.5-5中。

表 1.5-5　　　　　　　　　　小组评价表

项目内容	配分	评分
1. 实训记录与自我评价情况	20分	
2. 对实训室规章制度的学习与掌握情况	20分	
3. 相互帮助与协作能力	20分	
4. 安全、质量意识与责任心	20分	
5. 能否主动参与整理工具、器材与清洁场地	20分	
总评分＝（1～5项总分）×30%		

参加评价人员签名：_____　___年___月___日

3. 教师评价（30分）

由指导教师结合自评与互评的结果进行综合评价，并将评价意见与评分值填入表1.5-6中。

表 1.5-6　　　　　　　　　　教师评价表

教师总体评价意见：	
教师评分（30分）	
总评分＝自我评分＋小组评分＋教师评分	

教师签名：_____　___年___月___日

单　元　小　结

（1）模拟信号的变化在数值和时间上都是断续的，不会突然跳变。如温度、流量、压力等信号；而数字信号在数值和时间上都是离散的，不存在连续性。

（2）数的常用进制有十进制、二进制、八进制和十六进制。在数字电路中主要采用二进制数。

（3）逻辑代数是分析研究逻辑电路的数学工具，利用这一数学工具可以使逻辑电路的分析和设计变得更加简便。逻辑变量是一种二值量，反映的是两种不同状态，常用0和1表示。

（4）在数字电路中，运用逻辑代数的基本公式和定律，可以化简一个复杂的逻辑函数，从而设计出最简单的逻辑电路。

（5）实现数字逻辑功能的基本门电路有与门、或门、非门，由基本门电路可构成各种符合逻辑门电路，如与非门、或非门、与或非门、异或门等。几种常见的门电路和逻辑功能见表 Z1-1。

表 Z1-1 常见门电路和逻辑功

逻辑门名称	逻辑功能	逻辑符号	逻辑函数表达式	运算规律
与门	与	A —[&]— F B	$F = A \cdot B$	有 0 出 0 全 1 出 1
或门	或	A —[≥1]— F B	$F = A + B$	有 1 出 1 全 0 出 0
非门	非	A —[1]o— F	$F = \overline{A}$	有 0 出 1 有 1 出 0
与非门	与非	A —[&]o— F B	$F = \overline{AB}$	有 0 出 1 全 1 出 0
或非门	或非	A —[≥1]o— F B	$F = \overline{A + B}$	有 1 出 0 全 0 出 1
与或非门	与或非	A B C D —[&][≥1]o— F	$F = \overline{AB + CD}$	各组均有 0 出 1 一组全 1 出 0
异或门	异或	A —[=1]— F B	$F = A \oplus B$	相同出 0 相反出 1

（6）数字集成电路按照构成器件的种类可分成两大类：一类是以双极型晶体管为主的 TTL 电路，采用 5V 电源供电；另一类是以单极型晶体管（场效应晶体管）为主的 COMS 电路。

自 我 检 测 题

1.1 填空题

1. 数字信号是指在时间上和数值上都是____变化的信号。

2. 描述脉冲波形的主要参数有幅值、上升时间、____、____、____和____。

3. 十进制数如用 8421BCD 码表示，则每一位十进制数可用____来表示，其权值从高位到低位依次为____、____、____、____。

4. 十进制数 238 =（____）$_2$ =（____）$_8$ =（____）$_{16}$ =（____）$_{BCD}$

5. 写出图 T1-1 中各逻辑电路的输出状态。

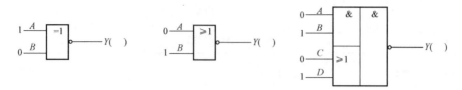

图 T1-1

1.2 选择题

1. 十进制数 25 用 8421BCD 码表示为（　　）。

A. $(10101)_2$ 　　　　B. $(00100101)_2$

C. $(11001)_2$ 　　　　D. $(10111)_2$

2. 在（　　）的情况下，函数 $Y = A + B$ 运算的结果是逻辑 "0"。

A. 全部输入是 "0" 　　B. 任一输入是 "0"

C. 任一输入是 "1" 　　D. 全部输入是 "1"

3. 下列逻辑式中，正确的是（　　）。

A. $A + A = A$ 　　　　B. $A + A = 0$

C. $A + A = 1$ 　　　　D. $A \cdot A = 1$

4. 对 TTL 与非门闲置不用的输入端，不可以（　　）。

A. 接电源 　　　　　　B. 通过 $3k\Omega$ 电阻接电源

C. 接地 　　　　　　　D. 与有用输入端并联

5. 已知某逻辑电路的真值表见表 T1-1，则其逻辑表达式是（　　）。

A. $F = ABC$ 　　　　　B. $F = A + BC$

C. $F = A\overline{B} + C$ 　　　D. $F = AB + C$

表 T1-1

输　　　　入			输　　出
A	B	C	F
0	0	0	0
0	0	1	1
0	1	0	0
0	1	1	1
1	0	0	1
1	0	1	1
1	1	0	0
1	1	1	1

1.3 判断题

1. 二进制的进位规则是逢二进一，所以 $1 + 1 = 10$。（　　）

2. 数字电路中 BCD 码就是 8421 码。（　　）

3. 逻辑代数中的 0 和 1 代表两种不同的逻辑状态，并不表示数值的大小。（　　）

4. 在非门电路中，输入高电平时，输出为低电平。（　　）

5. 异或门电路可以有任意多个输入端。（　　）

1.4 综合题

1. 将下列十进制数转换为二进制数和十六进制数。

(1) 37　　　　(2) 65　　　　(3) 73　　　　(4) 90

2. 将上列十进制数转换为 8421BCD 码。

3. 试画出 $F=\overline{A}B+BC$ 的逻辑电路图。

4. 用代数法化简下列逻辑函数：

(1) $F=A\overline{B}+B+\overline{A}B$

(2) $F=A+B+C+\overline{ABCD}+ABCD$

(3) $F=\overline{ABC}+\overline{A}+B+\overline{C}$

5. 已知逻辑函数的真值表见表 T1-2，试写出对应的逻辑函数表达式。

表 **T1-2**

A	B	C	Y
0	0	0	1
0	0	1	0
0	1	0	1
0	1	1	0
1	0	0	0
1	0	1	1
1	1	0	1
1	1	1	1

6. 写出图 T1-2（a）、（b）逻辑电路的函数表达式。

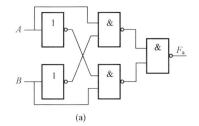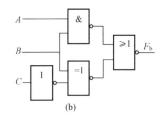

图 T1-2

7. 根据输入信号的波形，画出图 T1-3 各门电路对应的输出波形。

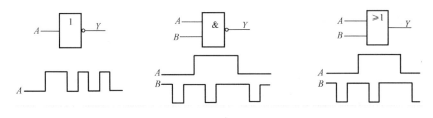

图 T1-3

8. 请在电子电路网（http://www.cndzz.com）和集成电路网（http://www.iepdf.com）等网站上查阅常用门电路的资料及相关信息。

项目 2 译码数显电路的安装与调试

学习目标

📖 应知
  (1) 会分析简单逻辑电路的逻辑功能。
  (2) 了解二进制编码器、二-十进制编码器的基本功能。
  (3) 了解二进制译码器、二-十进制译码器的基本功能。
  (4) 熟悉集成编码器和编码器的引脚功能及其应用。
  (5) 了解半导体数码管的基本结构和应用。

📖 应会
  (1) 学会查阅数字集成电路手册。
  (2) 会识读集成编码器的引脚并会测试其逻辑功能。
  (3) 会识读集成译码器的引脚并会测试其逻辑功能。
  (4) 能根据功能要求分析、设计和安装简单的组合逻辑电路。
  (5) 学会数字时钟电路的译码显示电路制作，完成译码显示电路的安装与测试。

📖 引言
  数字逻辑电路是由基本单元电路按照要求实现逻辑功能的拼装组合而成。根据数字电路逻辑功能的不同，可以将数字电路分成两大类，一类称为组合逻辑电路，另一类称为时序逻辑电路。本单元描述了实现数字时钟中译码显示的基本功能电路——组合逻辑电路。组合逻辑电路是由一些基本逻辑门电路（与门、非门、或门等）组成的。本单元将学习如何用我们前面学过的逻辑门电路来构成逻辑功能较复杂的组合逻辑电路，以及对特定逻辑功能的集成组合逻辑电路进行分析。

任务 2.1 组合逻辑电路的基本知识

2.1.1 组合逻辑电路的分析

  在数字电路中，任何时刻输出信号的稳态值，仅取决于该时刻各个输入信号取值组合的电路，叫做组合逻辑电路，简称组合电路，如图 2.1-1 所示。
  组合逻辑电路的特点是：电路的输出信号没有反馈到输入端，在任何时刻产生的稳定输出值只与当前的输入信号状态有关，与电路原来的的输出状态无关。这种电路不具有记忆功能。
  在实际生活中，经常用几个不同的门电路组合起来实现某种特定的功能，如抢答器中的编码器，数字时钟电路中的显示译码器等。分析这些电路的功能，就是对

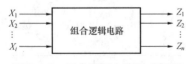

图 2.1-1 组合逻辑电路组成框图

一个给定的逻辑电路，找出其输出与输入之间的逻辑关系。分析组合逻辑电路的目的是为了了解它的逻辑功能。

1. 分析步骤

组合逻辑电路的分析一般可按图 2.1-2 所示的几个步骤进行。

图 2.1-2 组合逻辑电路的分析步骤

（1）根据给定的组合逻辑电路，写出逻辑函数表达式。方法是从输入到输出（或从输出到输入）逐级写出逻辑函数表达式。

（2）对写出的逻辑函数表达式进行化简。可以采用逻辑代数化简法。

（3）根据化简后的逻辑表达式列出真值表。

（4）依据对真值表的分析确定电路的逻辑功能。

2. 分析实例

【例 2.1-1】 分析图 2.1-3 电路的逻辑功能。

解：（1）逐级写出函数表达式，最后得到输出函数 F 的表达式

$$G_1 = \overline{AB}, \quad G_2 = \overline{BC}, \quad G_3 = \overline{AC}$$
$$F = \overline{\overline{AB} \cdot \overline{BC} \cdot \overline{AC}}$$

（2）化简函数 F 的表达式

$$F = AB + BC + AC$$

（3）由逻辑函数表达式列真值表，见表 2.1-1。

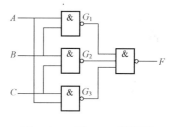

图 2.1-3 例 2.1-1 逻辑图

表 2.1-1   例 2.1-1 真值表

输　　入			输　　出
A	B	C	F
0	0	0	0
0	0	1	0
0	1	0	0
0	1	1	1
1	0	0	0
1	0	1	1
1	1	0	1
1	1	1	1

（4）分析逻辑功能。从真值表 2.1-1 可知，当 A，B，C 中有两个或两个以上为 1 时，F 为 1。所以此电路是一个多数的三人表决电路。

【例 2.1-2】 分析图 2.1-4 电路的逻辑功能。

解：（1）由逻辑图逐级写出函数表达式

$$G_1 = \overline{A}, \qquad G_2 = \overline{B}$$
$$G_3 = \overline{\overline{A}B}, \quad G_4 = \overline{A\,\overline{B}}$$

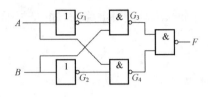

图 2.1-4　例 2.1-2 逻辑图

（2）化简函数 F 的表达式

$$F = \overline{\overline{AB} \cdot \overline{A\overline{B}}}$$

$$F = \overline{\overline{AB}} + \overline{\overline{A\overline{B}}}$$

$$= A\overline{B} + \overline{A}B = A \oplus B$$

（3）由逻辑函数表达式列真值表，见表 2.1-2。

表 2.1-2　　　　　　　　　　　　　例 2.1-2 的真值表

输　　入		输　　出
A	B	F
0	0	0
0	1	1
1	0	1
1	1	0

（4）分析逻辑功能。由表 2.1-2 可知，当 A、B 取值相同时，输出为 0，相反输出为 1，该电路为异或门。

组合逻辑电路的分析步骤有哪几步？

写出图 2.1-5 所示电路的逻辑表达式，并说明电路实现什么逻辑功能。

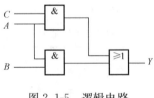

图 2.1-5　逻辑电路

2.1.2　组合逻辑电路的设计

　　组合逻辑电路的设计步骤与分析步骤相反。设计任务是根据逻辑功能的要求，设计一个经济、合理和实用的逻辑电路。

1. 设计步骤

　　一般设计方法按照图 2.1-6 所示的几个步骤进行。

图 2.1-6　组合逻辑电路的设计

（1）首先对实际问题进行分析，确定哪些是输入变量，哪些是输出函数。分析它们之间的逻辑关系。通常总是把引起事件的原因定为电路的输入,把事件的结果作为电路的输出。

(2) 根据逻辑功能,用"0"和"1"分别代表输入和输出的两种不同状态,确定在什么情况下为逻辑 1,什么情况下为逻辑 0,然后列出真值表。

(3) 根据真值表,写出逻辑函数表达式,利用逻辑代数法对逻辑函数进行化简,得到最简的逻辑函数表达式或实际问题所要求的逻辑函数表达式。

(4) 按最简逻辑函数表达式画出相应的逻辑电路图。

2. 设计实例

【例 2.1-3】 设计一个逻辑电路供三人表决用。每人有一个按键,如果表示赞成,则按下此键;如果不赞成,就不按此键。表示结果用指示灯表示,如果多数赞成,则指示灯亮;如果多数不赞成,则指示灯不亮。

解:(1) 按照电路设计要求,确定该电路有 3 个输入按键,分别用 A,B,C 表示,1 个输出指示灯,用 Y 表示。

(2) 根据逻辑功能,设按键按下为 1,未按下为 0;指示灯亮为 1,灯不亮为 0。

(3) 列写真值表,见表 2.1-3。

表 2.1-3 例 2.1-3 真值表

输 入			输 出
A	B	C	Y
0	0	0	0
0	0	1	0
0	1	0	0
0	1	1	1
1	0	0	0
1	0	1	1
1	1	0	1
1	1	1	1

(4) 由真值表写出输出函数表达式

$$Y = \overline{A}BC + A\overline{B}C + AB\overline{C} + ABC$$

(5) 用公式法化简逻辑函数

$$Y = \overline{A}BC + A\overline{B}C + AB\overline{C} + ABC$$
$$= \overline{A}BC + ABC + A\overline{B}C + ABC + AB\overline{C} + ABC$$
$$= BC + AC + AB$$

(6) 画逻辑图,如图 2.1-7 所示。

【例 2.1-4】 设计一个将三位二进制数码转换为三位循环码的逻辑电路。表 2.1-4 所示为二进制代码与循环码转换对照表。

解:(1) 按照电路设计要求,确定输入为三位二进制数码,用 A,B,C 表示,输出为三位循环码,用 X,Y,Z 表示。

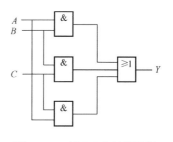

图 2.1-7 例 2.1-3 的逻辑图

(2) 由真值表分别写出三个输出函数表达式

$$X = A\overline{B}\,\overline{C} + A\overline{B}C + AB\overline{C} + ABC$$

$$Y = \overline{AB}\overline{C} + \overline{A}BC + A\overline{B}\,\overline{C} + AB\overline{C}$$
$$Z = \overline{A}\,\overline{B}C + \overline{A}B\overline{C} + A\overline{B}C + AB\overline{C}$$

表 2.1-4　　　　　　　　　　　　二进制代码与循环码转换对照表

输入二进制代码			输出循环码		
A	B	C	X	Y	Z
0	0	0	0	0	0
0	0	1	0	0	1
0	1	0	0	1	1
0	1	1	0	1	0
1	0	0	1	1	0
1	0	1	1	1	1
1	1	0	1	0	1
1	1	1	1	0	0

（3）用公式法化简逻辑函数

$$X = A\overline{B}(\overline{C}+C) + AB(\overline{C}+C)$$
$$= A\overline{B} + AB$$
$$= A(\overline{B}+B) = A$$
$$Y = \overline{A}B(\overline{C}+C) + A\overline{B}(\overline{C}+C)$$
$$= \overline{A}B + A\overline{B} = A \oplus B$$
$$Z = \overline{B}C(\overline{A}+A) + B\overline{C}(\overline{A}+A)$$
$$= \overline{B}C + B\overline{C} = B \oplus C$$

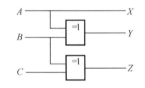

图 2.1-8　例 2.1-4 的逻辑图

（4）画逻辑图，如图 2.1-8 所示。

通过例 2.1-3 和例 2.1-4，可以看出如何根据逻辑要求来设计出逻辑图，在生产、生活实践中会遇到各种各样的逻辑问题，所要设计的逻辑电路也各种各样，只要掌握了设计方法，要设计这些电路也是不难办到的。

想一想

组合逻辑电路的设计有哪几个步骤？

任务 2.2　三人表决器的安装与调试

2.2.1　任务目标

（1）根据要求设计组合逻辑电路三人表决器。

（2）根据逻辑电路选择所需要的元器件，并做简易测试。

（3）根据原理图绘制电路安装连接图。

（4）按照工艺要求正确安装电路。

（5）对安装好的电路进行简单检测。

2.2.2　实施步骤

设计组合逻辑电路→画出逻辑电路图→绘制布线图→清点元器件→元器件检测→电路安装→通电前检查→通电调试→数据记录。

1. 设计三人表决器逻辑电路

设计过程参见例 2.1-3，画出逻辑电路图。三人表决器参考电路原理图如图 2.2-1 所示，根据电路图，选择合适元器件，元器件清单见表 2.2-1。

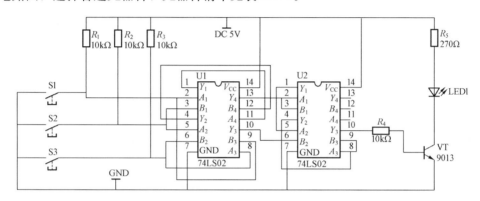

图 2.2-1　三人表决器参考电路原理图

2. 元器件检测

为了保证电路功能正常实现，安装前必须要先进行元器件的清点和检测，请根据所学知识按照表 2.2-1 对所有元器件进行检测。

表 2.2-1

符号	名称	规格	检测结果	符号	名称	规格	检测结果
R_1、R_2	金属碳膜电阻	10kΩ		LED	发光二极管	Φ3	
R_3、R_4、R_5 R_6、R_7、R_8	金属碳膜电阻	270Ω		VT	晶体管	9013	
S1、S2、S3	不带自锁开关			U1	四2输入或非门	74LS02	

（1）晶体管的好坏检测。检测晶体管的好坏其实很简单，主要是通过测量极间阻值来判断 PN 结的好坏。用万用表 R×100 或 R×1k 挡测发射极和集电极的正向电阻，如果测出都是低阻值，说明管子质量是好的。如果发现测出的正向电阻值非常大或者反向电阻值非常小，则说明管子已损坏。将检查结果填入表 2.2-1 中。

（2）集成门电路 74LS02 的检测。集成门电路 74LS02 是 14 脚双列直插式封装，其检测电路原理图见图 2.2-2（a）接线，两个输入端 A、B 接电平开关，输出端 Y 接一个电平指示灯。首先根据或非门的逻辑函数表达式，自行填写表 2.2-2 中预计状态，而后将电平开关按表 2.2-2 置位，测出输出逻辑状态，并观察是否与预计状态相同。将结果填入表中。实物接线示意图如图 2.2-2（b）所示。

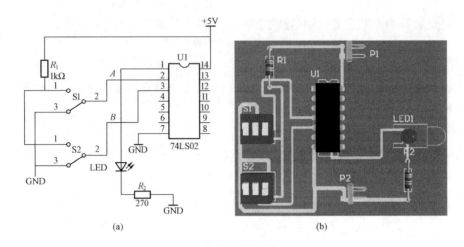

图 2.2-2　74LS02 检测电路图

（a）检测电路原理图；（b）实物接线示意图

表 2.2-2　　　　　　　　　　　　　74LS02 逻辑功能检测结果

输　　入		输　　出	
A	B	Y（预计状态）	Y（测试状态）
0	0		
0	1		
1	0		
1	1		

（3）其他元器件的检测。对电阻、按键开关、发光二极管的检测，可参照所学知识和介绍的方法进行。

3. 绘制安装布线图

参考原理图 2.2-1 合理安排电路，并考虑元器件实物外形，在通用印制电路板上合理绘制安装布线图。

三人表决器实物接线参考图如图 2.2-3 所示，印制电路板布线参考图如图 2.2-4 所示。

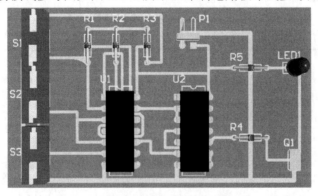

图 2.2-3　三人表决器实物接线参考图

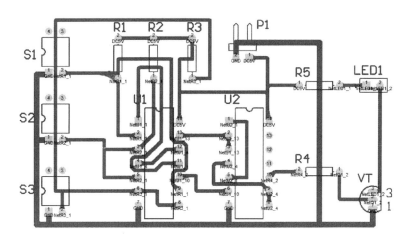

图 2.2-4 三人表决器印制电路板参考图

4. 电路安装

按照印制电路板安装电路的工艺要求，将经过、处理过的元器件进行插接，插接顺序按"先小后大"原则进行。插装时各元器件均不能插错，特别要注意有极性的元器件不能插反，如发光二极管、晶体管等。其焊接顺序及安装工艺见表 2.2-3。

表 2.2-3 元器件焊接顺序及安装工艺表

焊接顺序	符号	元器件名称	安装工艺要求
1	R	色环电阻	（1）水平卧式安装，色环朝向一致 （2）电阻体贴紧电路板（1mm 以内） （3）剪脚留头（1mm 以内）
2	LED	发光二极管	（1）注意正负极方向 （2）与外壳结合决定安装高度 （3）剪脚留头（1mm 以内）
3	VT	晶体管	（1）直立安装，正确区分晶体管的 3 个引脚 （2）晶体管管体底面离电路板 3~5mm （3）剪脚留头（1mm 以内）
4	S	不带自锁按钮	（1）正确区分按钮引脚 （2）直立安装，一般离电路板 1mm
5		集成块底座	（1）安装时插座的缺口要与电路布线图一致 （2）直立安装，一般离电路板 1mm （3）焊接完成后用万用表测量焊点与插座是否连接完好

5. 测试与记录

该电路设有三个按键 S1（A）、S2（B）、S3（C）输入，因按下按键接通公共端，故输入为低电平有效；Y 输出高电平时，晶体管 VT 导通，LED 灯亮，表示表决通过，故输出为高电平有效。

根据任务说明，列出实现逻辑功能的真值表（见表 2.2-4）及逻辑表达式。

$$Y = \overline{A} \cdot \overline{B} + \overline{B} \cdot \overline{C} + \overline{A} \cdot \overline{C}$$

表 2.2-4 真　值　表

输　　入			输　　出
A	B	C	Y
0	0	0	1
0	0	1	1
0	1	0	1
0	1	1	0
1	0	0	1
1	0	1	0
1	1	0	0
1	1	1	0

　　确认电源电压和元器件均按工艺要求安装正确无误后，给电路接通电源，然后按照真值表中输入状态对电路进行调试，检查电路输出功能是否能正确实现。

2.2.3　问题讨论

　　（1）三人表决器电路的输入端为什么采用低电平有效？若采用输入高电平有效，电路该如何改接？
　　（2）三人表决器电路的输出端采用的晶体管有什么作用？若不用晶体管，能否实现功能？如何连接？
　　（3）请你总结装配、调试的制作经验和教训，并与同学分享。

2.2.4　技能评价

　　1. 自我评价（40 分）
　　首先由学生根据实训任务完成情况进行自我评价，评分值填入表 2.2-5 中。

表 2.2-5 自我评价表

项目内容	配分	评分标准	扣分	得分
1. 选配元器件	10 分	（1）能正确选配元器件，选配出现一个错误扣 1～2 分 （2）能正确测量电阻值，出现一个错误扣 1～2 分		
2. 安装工艺与焊接质量	30 分	安装工艺与焊接质量不符合要求，每处可酌情扣 1～3 分，例如 （1）元器件成形不符合要求 （2）元器件排列与接线的走向错误或明显不合理 （3）导线连接质量差，没有紧贴电路板 （4）焊接质量差，出现虚焊、漏焊、搭锡等		
3. 电路调试	20 分	（1）电路一次通电调试成功，得满分 （2）如在通电调试时发现元器件安装或接线错误，每处扣 3 分		
4. 电路测试	20 分	（1）能正确使用万用表测量电压，且记录完整，可得满分 （2）否则每项酌情扣 2～5 分		

项目内容	配分	评分标准	扣分	得分
5. 安全、文明操作	20分	（1）违反操作规程，产生不安全因素，可酌情扣 7～10 分 （2）着装不规范，可酌情扣 3～5 分 （3）迟到、早退、工作场地不清洁，每次扣 5～10 分		
总评分 ＝（1～5 项总分）×40％				

签名：＿＿＿＿＿＿　＿＿年＿＿月＿＿日

2. 小组评价（30 分）

再由同一实训小组的同学结合自评的情况进行互评，将评分值填入表 2.2-6 中。

表 2.2-6　　　　　　　　　　小组评价表

项　目　内　容	配分	评分
1. 实训记录与自我评价情况	20分	
2. 对实训室规章制度的学习与掌握情况	20分	
3. 相互帮助与协作能力	20分	
4. 安全、质量意识与责任心	20分	
5. 能否主动参与整理工具、器材与清洁场地	20分	
总评分 ＝（1～5 项总分）×30％		

参加评价人员签名：＿＿＿＿＿＿　＿＿年＿＿月＿＿日

3. 教师评价（30 分）

最后，由指导教师结合自评与互评的结果进行综合评价，并将评价意见与评分值填入表 2.2-7 中。

表 2.2-7　　　　　　　　　　教师评价表

教师总体评价意见：	
教师评分（30 分）	
总评分 ＝自我评分＋小组评分＋教师评分	

教师签名：＿＿＿＿＿＿　＿＿年＿＿月＿＿日

任务 2.3　编码器及逻辑功能的测试

编码是将某些具有特定意义的输入信号（如数字、字符等）编成有一定规律相应的若干位数码都称为编码，如学生的学号、手机号码、身份证号码等。在数字电路中，电路能识别的是 0 和 1 两个二进制，所以编码是用相应的若干位二进制数码表示。能完成编码功能的组合逻辑电路称为编码器。常用的编码器有二进制编码器、二-十进制编码器、优先编码器等。

2.3.1 编码器

1. 二进制编码器

用 n 位二进制数码来对 $N=2^n$ 个信息进行编码的电路称为二进制编码器。常见的二进制编码器有 4 线-2 线编码器、8 线-3 先编码器、16 线-4 线编码器等。

三位二进制（8 线-3 线）编码器的示意框图如图 2.3-1 所示。

图 2.3-2 为三位二进制（8 线-3 线）编码器的逻辑图，图中所示编码器共有八个输入端 $\bar{I}_0 \sim \bar{I}_7$（低电平有效），三个输出端 $Y_0 \sim Y_2$，所以也称为 8 线-3 线编码器，图中要求 $\bar{I}_0 \sim \bar{I}_7$ 只能有一个输入为 0，其余输入为 1。

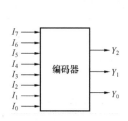

图 2.3-1　二位二进制编
码器示意框图

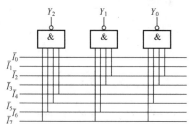

图 2.3-2　三位二进制编码器的
逻辑图

其真值表见表 2.3-1。从表中可以看出当某一个输入端为低电平时，输出与该输入端对应的数码。

表 2.3-1　　　　　　　　　三位二进制编码器真值表

输　　　　　入								输　　出		
$\bar{I}_7$	$\bar{I}_6$	$\bar{I}_5$	$\bar{I}_4$	$\bar{I}_3$	$\bar{I}_2$	$\bar{I}_1$	$\bar{I}_0$	Y_2	Y_1	Y_0
1	1	1	1	1	1	1	0	0	0	0
1	1	1	1	1	1	0	1	0	0	1
1	1	1	1	1	0	1	1	0	1	0
1	1	1	1	0	1	1	1	0	1	1
1	1	1	0	1	1	1	1	1	0	0
1	1	0	1	1	1	1	1	1	0	1
1	0	1	1	1	1	1	1	1	1	0
0	1	1	1	1	1	1	1	1	1	1

编码器输出的逻辑表达式为

$$Y_2 = \overline{\bar{I}_4 \bar{I}_5 \bar{I}_6 \bar{I}_7}$$

$$Y_1 = \overline{\bar{I}_2 \bar{I}_3 \bar{I}_6 \bar{I}_7}$$

$$Y_0 = \overline{\bar{I}_1 \bar{I}_3 \bar{I}_5 \bar{I}_7}$$

2. 二-十进制编码器

二-十进制编码器是将十进制数码（或十个信息）转换为 BCD 码，通常也称为 BCD 编码器。8421BCD 编码器是将十进制数码（或十个信息）转换为 8421BCD，计算机键盘输入逻辑电路常采用这种编码器。

8421BCD 编码器有 10 个输入端，4 个输出端，所以也称为 10 线-4 线编码器。对应的真值表见表 2.3-2。

表 2.3-2　　二-十进制编码器真值表

输入 （十进制数）	输出 （8421BCD 码）			
	A	B	C	D
0	0	0	0	0
1	0	0	0	1
2	0	0	1	0
3	0	0	1	1
4	0	1	0	0
5	0	1	0	1
6	0	1	1	0
7	0	1	1	1
8	1	0	0	0
9	1	0	0	1

由于表中输入的十进制数 0～9 是一组互相排斥的变量，故可以直接写出每一个输出变量的逻辑函数表达式

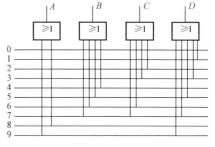

$$A= "8" + "9"$$
$$B= "4" + "5" + "6" + "7"$$
$$C= "3" + "6" + "7"$$
$$D= "3" + "5" + "7" + "9"$$

由表达式可画出图 2.3-3 所示的逻辑图。

3. 二-十进制优先编码器

上述两种编码器在任意时刻只能对应一个输入信号编码，不允许有两个以上的数字信号同时输入，否

图 2.3-3　二-十进制编码器逻辑图

则输出将发生混乱。为了解决这一问题，集成编码器往往做成优先编码器。在优先编码器中，设计时对所有的编码输入按优先级排队，当同时有几个信号输入时，编码器对其中优先等级最高的一个进行编码。

目前市场上供应的集成编码器多为优先编码器。常用的二-十进制集成优先编码器有 74LS147、CC40147 等。下面以 CC40147 为例加以介绍。

CC40147 的外引脚排列及逻辑符号如图 2.3-4 所示，其真值表见表 2.3-3。

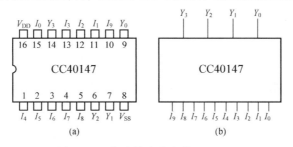

图 2.3-4　集成优先编码器 CC40147

（a）外引脚排列；（b）逻辑符号

表 2.3-3　　　　　　　　　　　　　　　　　CC40147 真值表

输　　　入										输　　出			
I_0	I_1	I_2	I_3	I_4	I_5	I_6	I_7	I_8	I_9	Y_3	Y_2	Y_1	Y_0
0	0	0	0	0	0	0	0	0	0	1	1	1	1
1	0	0	0	0	0	0	0	0	0	0	0	0	0
×	1	0	0	0	0	0	0	0	0	0	0	0	1
×	×	1	0	0	0	0	0	0	0	0	0	1	0
×	×	×	1	0	0	0	0	0	0	0	0	1	1
×	×	×	×	1	0	0	0	0	0	0	1	0	0
×	×	×	×	×	1	0	0	0	0	0	1	0	1
×	×	×	×	×	×	1	0	0	0	0	1	1	0
×	×	×	×	×	×	×	1	0	0	0	1	1	1
×	×	×	×	×	×	×	×	1	0	1	0	0	0
×	×	×	×	×	×	×	×	×	1	1	0	0	1

从表中可以看出 CC40147 有 10 个输入端 $I_0 \sim I_9$（高电平有效），4 个输出端 $Y_0 \sim Y_3$，I_9 为最高优先等级，依次降低，当 $I_9 = 1$ 时，不管其他输入信号如何，输出 $Y_3 Y_2 Y_1 Y_0 = 1001$，只有当 $I_9 = 0$ 时，若 $I_8 = 1$，则无论其他输入信号如何，编码器按 I_8 的编码输出，即 $Y_3 Y_2 Y_1 Y_0 = 1000$，以此类推，当 10 个输入信号全为 0 时，输出 $Y_3 Y_2 Y_1 Y_0 = 1111$，表示没有编码输入。

> **? 想一想**
>
> 1. 一个班级有 48 名同学，如果用二进制对每个学生编码，至少需要多少位二进制数码？
>
> 2. CC40147 芯片各输入信号优先顺序是怎样的？各组输入的顺序对芯片的输出结果有否影响？为什么？

2.3.2　集成编码器逻辑功能测试

1. 认识集成编码器 74LS148

图 2.3-5 (a) 为 8 线-3 线集成优先编码器 74LS148 芯片引脚排列图，图 2.3-5 (b) 为其逻辑符号。

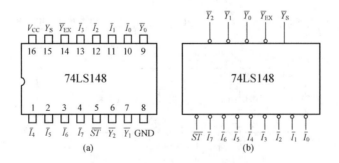

图 2.3-5　8 线-3 线集成优先编码器 74LS148

(a) 芯片引脚排列图；(b) 逻辑符号

2. 芯片逻辑功能的测试

（1）按图2.3-6完成测试电路的接线。电路中输入端 $\overline{I_0}\sim\overline{I_7}$ 接逻辑开关 $S_1\sim S_8$，控制信号 $\overline{ST}$ 接逻辑开关 S_0。输出3位二进制编码 $\overline{Y_2}$、$\overline{Y_1}$、$\overline{Y_0}$ 接发光二极管，$\overline{Y_{EX}}$、Y_S 接发光二极管。

（2）调节直流稳压电源，是输出电压为+5V。

（3）操作逻辑开关 $S_0\sim S_8$，按表2.3-4给定的 $\overline{I_0}\sim\overline{I_7}$ 依次置值，测试 $\overline{Y_2}$、$\overline{Y_1}$、$\overline{Y_0}$、$\overline{Y_{EX}}$、Y_S 的数值（灯亮为1，不亮为0）。

（4）将测试结果记录在表2.3-4中。

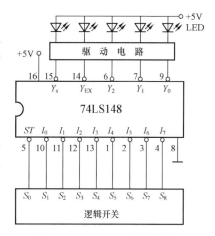

图2.3-6　74LS148测试接线图

表2.3-4　　　　　　　　　　　8线-3线编码器功能

输入（注：× 为随意状态）									输　　出				
$\overline{ST}$	$\overline{I_0}$	$\overline{I_1}$	$\overline{I_2}$	$\overline{I_3}$	$\overline{I_4}$	$\overline{I_5}$	$\overline{I_6}$	$\overline{I_7}$	$\overline{Y_2}$	$\overline{Y_1}$	$\overline{Y_0}$	$\overline{Y_{EX}}$	Y_S
1	×	×	×	×	×	×	×	×	1	1	1	1	1
0	1	1	1	1	1	1	1	1					
0	×	×	×	×	×	×	×	0					
0	×	×	×	×	×	×	0	1					
0	×	×	×	×	×	0	1	1					
0	×	×	×	×	0	1	1	1					
0	×	×	×	0	1	1	1	1					
0	×	×	0	1	1	1	1	1					
0	×	0	1	1	1	1	1	1					
0	0	1	1	1	1	1	1	1					

3. 分析讨论

（1）实验中所用编码器集成芯片的逻辑功能。

（2）74LS148芯片各输入信号优先级别顺序是怎样的？

（3）74LS148芯片引脚图中各输入、输出变量上的非号代表什么含义？

任务2.4　译码器及逻辑功能测试

2.4.1　译码器

译码器是将给定的二进制代码（输入）按其编码时的原意翻译成对应信号或十进制数码（输出）的器件，是属于多输入，多输出的组合逻辑电路。目前译码器主要由集成门电路构成，按功能译码器分为两大类，即二进制译码器和数码显示译码器。

1. 二进制译码器

将二进制代码译成对应输出信号的电路称为二进制译码器，它有2线-4线，3线-8线，

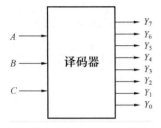

图 2.4-1　3 线-8 线译码
器示意图

4 线-16 线等多种类型。下面以常用的 3 线-8 线译码器为例说明译码器工作过程。

图 2.4-1 为 3 线-8 线译码器示意图，一般左侧为输入端，右侧为输出端。输入端 A、B、C 输入的是二进制码，输出端 $Y_0 \sim Y_7$ 输出对应的二进制码控制信号，真值表见表 2.4-1。常见的 3 线-8 线集成译码器有很多型号，这里以常用的 74LS138 为例介绍译码器的逻辑功能。74LS138 的外部引脚排列和逻辑符号如图 2.4-2 所示。各引脚排列功能如下：

表 2.4-1　　　　　　　　　　　　3 线-8 线译码器真值表

输　入			输　　出							
A	B	C	Y_0	Y_1	Y_2	Y_3	Y_4	Y_5	Y_6	Y_7
0	0	0	1	0	0	0	0	0	0	0
0	0	1	0	1	0	0	0	0	0	0
0	1	0	0	0	1	0	0	0	0	0
0	1	1	0	0	0	1	0	0	0	0
1	0	0	0	0	0	0	1	0	0	0
1	0	1	0	0	0	0	0	1	0	0
1	1	0	0	0	0	0	0	0	1	0
1	1	1	0	0	0	0	0	0	0	1

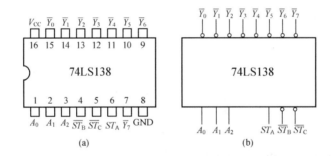

图 2.4-2　CT74LS138　3 线-8 线译码器

(a) 外引脚排列；(b) 逻辑符号

三个代码输入端 A_2、A_1、A_0，有时用 C、B、A 表示，输入待译码的三位二进制数。

八个译码输出端 $\overline{Y}_0 \sim \overline{Y}_7$，输出与输入二进制码相对应的控制信号，该译码器有效输出电平为低电平。例如：当 $A_2A_1A_0 = 001$ 时，只有 $\overline{Y}_1 = 0$，而其他未被译中的输出线（$\overline{Y}_0$，$\overline{Y}_2$，$\overline{Y}_3$，$\overline{Y}_4$，$\overline{Y}_5$，$\overline{Y}_6$，$\overline{Y}_7$）均为高电平。

三个控制输入端 ST_A、$\overline{ST}_B$、$\overline{ST}_C$，有时用 $\overline{E}_0$、$\overline{E}_1$、$\overline{E}_3$ 表示，也称为片选端。当片选控制端 $ST_A = 1$，$\overline{ST}_B = \overline{ST}_C = 0$ 时，译码器工作，允许译码，否则译码器停止工作，输出端全部为高电平。

74LS138 的逻辑功能表见表 2.4-2。

表 2.4-2　　　　　　　　　　　　　　74LS138 的逻辑功能表

输　　入						输　　　出							
ST_A	$\overline{ST}_B$	$\overline{ST}_C$	A_2	A_1	A_0	$\overline{Y}_0$	$\overline{Y}_1$	$\overline{Y}_2$	$\overline{Y}_3$	$\overline{Y}_4$	$\overline{Y}_5$	$\overline{Y}_6$	$\overline{Y}_7$
0	×	×	×	×	×	1	1	1	1	1	1	1	1
1	1	1	×	×	×	1	1	1	1	1	1	1	1
1	0	0	0	0	0	0	1	1	1	1	1	1	1
1	0	0	0	0	1	1	0	1	1	1	1	1	1
1	0	0	0	1	0	1	1	0	1	1	1	1	1
1	0	0	0	1	1	1	1	1	0	1	1	1	1
1	0	0	1	0	0	1	1	1	1	0	1	1	1
1	0	0	1	0	1	1	1	1	1	1	0	1	1
1	0	0	1	1	0	1	1	1	1	1	1	0	1
1	0	0	1	1	1	1	1	1	1	1	1	1	0

2. 二-十进制译码器

二-十进制译码器也称作 BCD（4 位二进制码）译码器，它是将输入的 4 位 BCD 编码译成 10 个对应的输出信号，所以也称为 4 线-10 线译码器。

图 2.4-3 所示为 74LS42 译码器的外部引脚排列图和逻辑符号图。各引脚排列功能如下：

四个代码输入端 $A_3A_2A_1A_0$，输入待译码的 4 位二进制数。

十个输出端 $\overline{Y}_0 \sim \overline{Y}_9$，输出与输入二进制码相对应的控制信号。该译码器有效输出电平为低电平。当输入数码为 $A_3A_2A_1A_0 = 0011$ 时，只有 $\overline{Y}_3 = 0$，其余输出端均为 1；当 $A_3A_2A_1A_0 = 0111$ 时，只有 $\overline{Y}_7 = 0$，其余输出端均为 1。

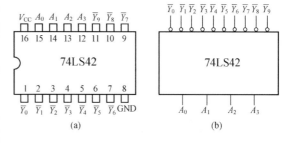

图 2.4-3　CT74LS42 译码器
（a）外引脚排列图；（b）逻辑符号

74LS42 译码器的真值表见表 2.4-3。

表 2.4-3　　　　　　　　　　　　　　74LS42 真值表

十进制数	输　　入				输　　　出									
	A_3	A_2	A_1	A_0	$\overline{Y}_0$	$\overline{Y}_1$	$\overline{Y}_2$	$\overline{Y}_3$	$\overline{Y}_4$	$\overline{Y}_5$	$\overline{Y}_6$	$\overline{Y}_7$	$\overline{Y}_8$	$\overline{Y}_9$
0	0	0	0	0	0	1	1	1	1	1	1	1	1	1
1	0	0	0	1	1	0	1	1	1	1	1	1	1	1
2	0	0	1	0	1	1	0	1	1	1	1	1	1	1
3	0	0	1	1	1	1	1	0	1	1	1	1	1	1
4	0	1	0	0	1	1	1	1	0	1	1	1	1	1
5	0	1	0	1	1	1	1	1	1	0	1	1	1	1
6	0	1	1	0	1	1	1	1	1	1	0	1	1	1
7	0	1	1	1	1	1	1	1	1	1	1	0	1	1
8	1	0	0	0	1	1	1	1	1	1	1	1	0	1
9	1	0	0	1	1	1	1	1	1	1	1	1	1	0

续表

十进制数	输入				输出									
	A_3	A_2	A_1	A_0	$\overline{Y}_0$	$\overline{Y}_1$	$\overline{Y}_2$	$\overline{Y}_3$	$\overline{Y}_4$	$\overline{Y}_5$	$\overline{Y}_6$	$\overline{Y}_7$	$\overline{Y}_8$	$\overline{Y}_9$
	1	0	1	0	1	1	1	1	1	1	1	1	1	1
	1	0	1	1	1	1	1	1	1	1	1	1	1	1
无效	1	1	0	0	1	1	1	1	1	1	1	1	1	1
输入	1	1	0	1	1	1	1	1	1	1	1	1	1	1
	1	1	1	0	1	1	1	1	1	1	1	1	1	1
	1	1	1	1	1	1	1	1	1	1	1	1	1	1

74LS42 未使用约束项，所以能自动拒绝伪码输入，当输入为 1010~1111 时，输出端 $\overline{Y}_0 \sim \overline{Y}_9$ 均为 1（无效）。74LS42 无使能端。

> **? 想一想**
>
> 1. 什么是译码？什么是译码器？
> 2. 在 3 线-8 线集成译码器 74LS138 中，当输入二进制码 $A_2A_1A_0 = 101$ 时，经过译码器译码后，输出端输出什么状态？

3. 显示译码器

在数字系统中，常要将测量的数据或运算的结果直接以人们习惯的十进制数字形式显示出来，显示译码器是用来驱动数码管等显示器件的译码器。它可以分为 TTL 共阴显示译码器、TTL 共阳显示译码器、CMOS 显示译码器三种，常用的有 54LS48、5446 等。显示译码器是与几种显示器件配套使用的译码器，这种译码器要求有足够的电压和电流，能直接驱动显示器件。

（1）数码显示器。数码显示器是用来显示数字、文字和符号的器件。显示器的种类很多，其中最常用的是七段字形（或八段字形）数码管。按发光材料的不同，可分为发光二极管（LED）、液晶（LCD）、荧光数码管等几种，下面重点介绍数字电路中常用的半导体发光二极管 LED 显示器。发光二极管（LED）显示器是利用发光二极管来组成字形显示数字、文字和符号的。图 2.4-4 是它的示意图，它由七段发光二极管按一定形式排列而成，分别称为 a、b、c、d、e、f、g 段，另有小数点 D_P。通过各字段的不同组合，来显示 0~9 不同数字。超过 10 的代码，译码器输出会使显示器显示各种奇形怪状的符号，以提醒使用者有伪码输入。

按照高低电平的不同驱动方式，发光二极管显示器分为共阳极和共阴极两种接法如图 2.4-5 所示，在前一种接法中，译码器输出低电平来驱动显示段发光，而在后一种接法中，译码器需要输出高电平来驱动各显示段发光。

常见的共阴极数码管有 BS201、BS202、BS207 等，常用的共阳极数码管有 BS204、BS206 等。

（2）七段显示译码器。七段显示译码器的功能是把输入的 8421BCD 码直接译成十进制数输出。根据七段显示器的工作特点，输出若以高电平有效，七段显示译码器的真值表见表 2.4-4。

常用的集成七段显示译码器有 5449、74LS48、74LS47 等，下面以 5449 的真值表见表

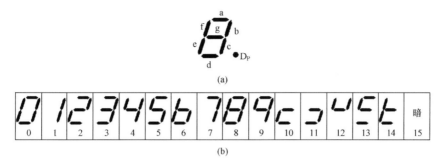

图 2.4-4　七段显示器

（a）七段数码管的字形；（b）七段显示器组成的字形

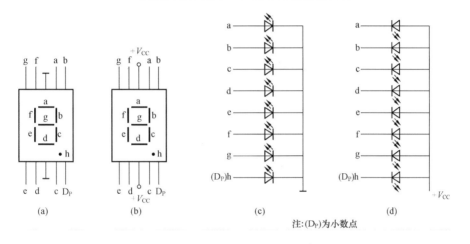

注:(D_P)为小数点

图 2.4-5　七段显示器（LED）接法

（a）共阴 LED 引脚排列图；（b）共阳 LED 引脚排列图

（c）共阴 LED 内部接线图；（d）共阳 LED 内部接线图

2.4-4。从表中可知，其基本上采用了上述逻辑，不过多加了一个功能控制端 $\overline{BI}$。BI 称为灭灯（消隐）输入端，它是为了降低系统的功耗而设置的，当 $\overline{BI}=0$ 时，不管输入数据为什么状态 $Y_a \sim Y_g$ 输出均为 0，各发光段均熄灭不显示，当 $\overline{BI}=1$ 时，译码器正常工作。

表 2.4-4　　　　　　　　　　　　　　　5449 真值表

十进制数	输入					输出						
	$\overline{BI}$	A_3	A_2	A_1	A_0	Y_a	Y_b	Y_c	Y_d	Y_e	Y_f	Y_g
	0	×	×	×	×	0	0	0	0	0	0	0
0	1	0	0	0	0	1	1	1	1	1	1	0
1	1	0	0	0	1	0	1	1	0	0	0	0
2	1	0	0	1	0	1	1	0	1	1	0	1
3	1	0	0	1	1	1	1	1	1	0	0	1
4	1	0	1	0	0	0	1	1	0	0	1	1
5	1	0	1	0	1	1	0	1	1	0	1	1
6	1	0	1	1	0	0	0	1	1	1	1	1
7	1	0	1	1	1	1	1	1	0	0	0	0
8	1	1	0	0	0	1	1	1	1	1	1	1
9	1	1	0	0	1	1	1	1	0	0	1	1

图 2.4-6（a）为 5449 译码器的外引脚排列图，图 2.4-6（b）所示为逻辑符号。该电路

采用 OC 门输出，与七段显示器的 LED 连接时要加上拉电阻，阻值均为 400Ω。

图 2.4-7 为 5449 译码器与七段显示器的连接图。

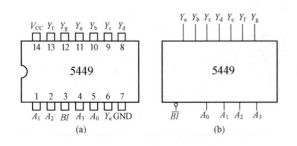

图 2.4-6　5449 译码器
(a) 外引脚系列；(b) 逻辑符号

图 2.4-7　5449 译码器与七段显示器
的连接

想一想

1. 半导体数码管根据内部结构的不同，可分为哪两种类型？

2. 生活中都有哪些地方用到了数码管？除了数码管，你还见到过哪些显示器件？

知识拓展

2.4.2　集成译码器逻辑功能测试

（1）熟悉 3 线-8 线译码器 74LS138 集成芯片各引脚功能。

（2）集成译码器 74LS138 的测试。

1）按照图 2.4-8 74LS138 译码器测试接线图完成电路接线。电路中 $S_1 \sim S_6$ 为单刀双掷开关，CC40147 芯片的各输入端分别通过 $1k\Omega$ 电阻接开关的公共端，输出端各接一只发光二极管 LED，用于指示输出信号的高低，LED 负极通过 $100k\Omega$ 电阻接地，起限流作用。

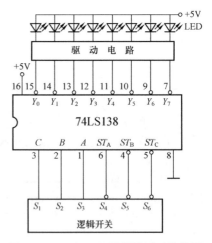

图 2.4-8　74LS138 译码器测试接线图

2）调节直流稳压电源，使输出电压为 +5V。

3）按表依次进行逻辑开关 $S_1 \sim S_6$ 的设置，观察输出端 $\overline{Y_0} \sim \overline{Y_7}$ 发光二极管的状态。

4）将对应结果填入表 2.4-5 中。

表 2.4-5　　　　　　　　　74LS138 译码器功能测试结果记录

输		入				输		出					
使	能		选	择		$\overline{Y_0}$	$\overline{Y_1}$	$\overline{Y_2}$	$\overline{Y_3}$	$\overline{Y_4}$	$\overline{Y_5}$	$\overline{Y_6}$	$\overline{Y_7}$
G_1	$\overline{G_{2A}}$	$\overline{G_{2B}}$	C	B	A								
$\times$	1	1	$\times$	$\times$	$\times$								

输　　　入						输　　　　　　出							
使　　能			选　　择			$\overline{Y_0}$	$\overline{Y_1}$	$\overline{Y_2}$	$\overline{Y_3}$	$\overline{Y_4}$	$\overline{Y_5}$	$\overline{Y_6}$	$\overline{Y_7}$
G_1	$\overline{G_{2A}}$	$\overline{G_{2B}}$	C	B	A								
$\times$	1	0	$\times$	$\times$	$\times$								
$\times$	0	1	$\times$	$\times$	$\times$								
0	$\times$	$\times$	$\times$	$\times$	$\times$								
1	0	0	0	0	0								
1	0	0	0	0	1								
1	0	0	0	1	0								
1	0	0	0	1	1								
1	0	0	1	0	0								
1	0	0	1	0	1								
1	0	0	1	· 1	0								
1	0	0	1	1	1								

（3）问题讨论。

1）分析实验中所用集成 74LS138 芯片的逻辑功能。

2）74LS138 芯片引脚图中各输入、输出变量上的非号代表什么含义？

任务 2.5　译码数显电路的安装与测试

2.5.1　任务目标

（1）根据要求设计数字时钟电路中译码显示电路。

（2）根据逻辑电路选择所需要的元器件，并做简易测试。

（3）根据原理图绘制电路安装连接图。

（4）按照工艺要求正确安装电路。

（5）对安装好的电路进行简单检测和调试。

2.5.2　实施步骤

设计译码数显逻辑电路→画出逻辑电路图→绘制布线图→清点元器件→元器件检测→电路安装布局→通电前检查→通电调试→数据记录。

1. 设计译码数显逻辑电路

译码数显参考电路如图 2.5-1 所示。根据电路图，选择合适元器件（元器件清单见表 2.5-1）。

2. 主要元器件准备与检测

为了保证电路功能正常实现，安装前必须要先进行元器件的清点和检测。请对照原理图

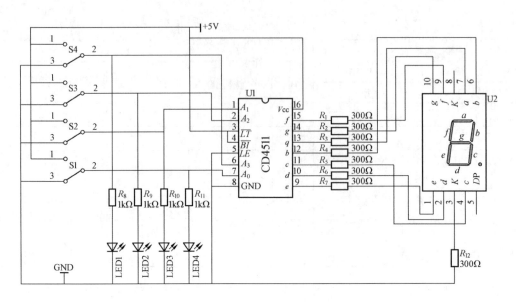

图 2.5-1 译码数显参考电路

清点元器件，并根据所学知识按照表 2.5-1 对所有元器件进行检测。最后将检测结果填入表中。

表 2.5-1   元器件清单检测表

符号	名称	规格	检测结果	符号	名称	规格	检测结果
$R_1 \sim R_7$	电阻	300Ω		S1～S4	开关		
$R_8 \sim R_{11}$	电阻	1kΩ		U1	七段码译码器	CD4511	
R_{12}	电阻	300Ω		U2	七段数码管	BS201	
LED1～LED4	发光二极管	Φ3					

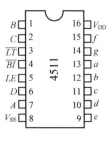

图 2.5-2 CD4511
引脚图

（1）集成显示译码器 CD4511 测试。CD4511 是一个用于驱动共阴极 LED 数码管显示器的七段译码器。CD4511 引脚图如图 2.5-2 所示，各管脚功能如下：

$\overline{BI}$：4 脚是消隐输入控制端，当 $\overline{BI} = 0$ 时，不管其他输入端状态如何，七段数码管均处于熄灭（消隐）状态，不显示数字。

$\overline{LT}$：3 脚是测试输入端，当 $\overline{BI} = 1$，$\overline{LT} = 0$ 时，译码输出全为 1，不管输入 DCBA 状态如何，七段均发亮，显示"8"。它主要用来检测数码管是否损坏。

LE：锁定控制端，当 $LE = 0$ 时，允许译码输出。$LE = 1$ 时译码器是锁定保持状态，译码器输出被保持在 $LE = 0$ 时的数值。

A_1、A_2、A_3、A_4、为 8421BCD 码输入端。

Y_a、Y_b、Y_c、Y_d、Y_e、Y_f、Y_g：为译码输出端，输出为高电平 1 有效。

V_{DD}、V_{SS} 分别接电源正极与地。

显示译码器 CD4511 功能表见表 2.5-2。

表 2.5-2　　　　　　　　　　　　　　CD4511 功能表

数码管显示字形	输入							输出						
	$\overline{LT}$	$\overline{BI}$	LI	D	C	B	A	a	b	c	d	e	f	g
0	0	1	1	0	0	0	0	1	1	1	1	1	1	0
1	0	1	1	0	0	0	1	0	1	1	0	0	0	0
2	0	1	1	0	0	1	0	1	1	0	1	1	0	1
3	0	1	1	0	0	1	1	1	1	1	1	0	0	1
4	0	1	1	0	1	0	0	0	1	1	0	0	1	1
5	0	1	1	0	1	0	1	1	0	1	1	0	1	1
6	0	1	1	0	1	1	0	0	0	1	1	1	1	1
7	0	1	1	0	1	1	1	1	1	1	0	0	0	0
8	0	1	1	1	0	0	0	1	1	1	1	1	1	1
9	0	1	1	1	0	0	1	1	1	1	0	0	1	1

按功能表对 CD4511 进行检测，并分析检测结果。

（2）七段数码管 BS201 测试。七段数码管 BS201 是共阴极数码管，其引脚图如图 2.5-3 所示，按要求测试各段发光二极管是否完好。

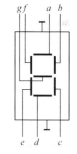

检测时将数字万用表置于蜂鸣挡，黑表笔接 LED 公共端，红表笔非别接 LED 的 a、b、c、d、e、f、g 各引脚，如果 LED 相应的字段能显示发光，说明 LED 是好的，如果某字段不显示，说明 LED 已经损坏。

（3）其他元件的测试。对电阻、按键开关、发光二极管的检测，可参照单元前面介绍的方法进行。

图 2.5-3　七段数码管 BS201 引脚图

3. 电路安装

根据译码数显参考电路原理图 2.5-1，并参考元器件实物外形，合理安排安装布局。图 2.5-4 为实物电路接线参考图。图 2.5-5 为印制电路板布线参考图。

将处理过的元器件进行插接，插接顺序按先集成后分立，先主后次进行元器件的安放。

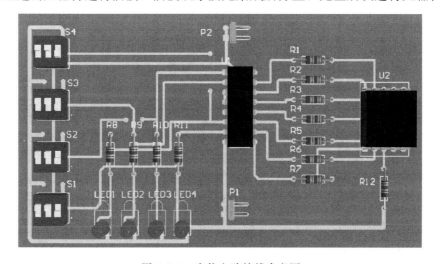

图 2.5-4　实物电路接线参考图

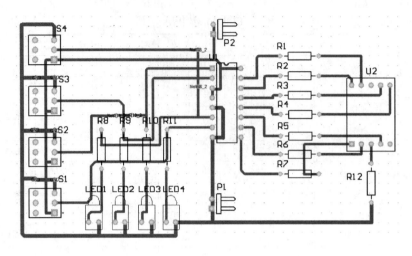

图 2.5-5　印制电路板布线参考图

安装顺序及工艺见表 2.5-3。

表 2.5-3　　　　　　　　　　　　　**安 装 工 艺**

焊接顺序	符号	元器件名称	安装工艺要求
1	R	色环电阻	(1) 水平卧式安装，色环朝向一致 (2) 电阻体贴紧电路板（1mm 以内） (3) 剪脚留头（1mm 以内）
2	LED	发光二极管	(1) 注意正负极方向 (2) 与外壳结合决定安装高度 (3) 剪脚留头（1mm 以内）
3	S	不带自锁按钮	(1) 正确区分按钮引脚 (2) 直立安装，一般离电路板 1mm
	DS	7 段数码管	焊接时离电路板 1mm 以内
4		集成块底座	(1) 安装时插座的缺口要与电路布线图一致 (2) 直立安装，一般离电路板 1mm (3) 焊接完成后用万用表测量焊点与插座是否连接完好

4. 电路测试

（1）对照表 2.5-2，接通电源逐级调试，通过按键 S1、S2、S3、S4 控制输入信号，观察数码管显示是否正确。

（2）如数码管无法正常显示数字可通过对照表 2.5-2 自行查找问题所在。

2.5.3　问题讨论

（1）分析集成译码器 CD4511 的逻辑功能。

（2）为什么选择 BS201 型号的七段数码管与集成译码器 CD4511 相配。

2.5.4　技能评价

1. 自我评价（40 分）

首先由学生根据实训任务完成情况进行自我评价，评分值填入表 2.5-4 中。

表 2.5-4　　　　　　　　　　**自 我 评 价 表**

项目内容	配分	评分标准	扣分	得分
1. 选配元器件	10 分	(1) 能正确选配元器件，选配出现一个错误扣 1～2 分 (2) 能正确测量电阻值及其数码管管脚的识别，出现一个错误扣 1～2 分		
2. 安装工艺与焊接质量	30 分	安装工艺与焊接质量不符合要求，每处可酌情扣 1～3 分，例如 (1) 元器件成形不符合要求 (2) 元器件排列与接线的走向错误或明显不合理 (3) 导线连接质量差，没有紧贴电路板 (4) 焊接质量差，出现虚焊、漏焊、搭锡等		
3. 电路调试	20 分	(1) 电路一次通电调试成功，得满分 (2) 如在通电调试时发现元器件安装或接线错误，每处扣 3 分		
4. 电路测试	20 分	(1) 能正确使用万用表测量电压，且记录完整，可得满分 (2) 否则每项酌情扣 2～5 分		
5. 安全、文明操作	20 分	(1) 违反操作规程，产生不安全因素，可酌情扣 7～10 分 (2) 着装不规范，可酌情扣 3～5 分 (3) 迟到、早退、工作场地不清洁，每次扣 5～10 分		
总评分＝（1～5 项总分）×40％				

签名：_____　___年___月___日

2. 小组评价（30 分）

由同一实训小组的同学结合自评的情况进行互评，将评分值填入表 2.5-5 中。

表 2.5-5　　　　　　　　　　**小组评价表**

项目内容	配分	评分
1. 实训记录与自我评价情况	20 分	
2. 对实训室规章制度的学习与掌握情况	20 分	
3. 相互帮助与协作能力	20 分	
4. 安全、质量意识与责任心	20 分	
5. 能否主动参与整理工具、器材与清洁场地	20 分	
总评分＝（1～5 项总分）×30％		

参加评价人员签名：_____　___年___月___日

3. 教师评价（30 分）

最后，由指导教师结合自评与互评的结果进行综合评价，并将评价意见与评分值填入表 2.5-6 中。

表 2.5-6　　　　　　　　　　**教师评价表**

教师总体评价意见：	
教师评分（30 分）	
总评分＝自我评分＋小组评分＋教师评分	

教师签名：_____　___年___月___日

单 元 小 结

（1）组合逻辑电路的特点是电路在任何时刻的输出状态只取决于当时的输入状态，而与电路原来的状态无关。最常用的组合逻辑电路有加法器、比较器、编码器、译码器、数据选择器、数据分配器等。

（2）组合逻辑电路分析的目的是确定它的逻辑功能，即根据给定的逻辑电路，找出输入和输出信号之间的逻辑关系，其分析步骤为：根据给定的组合逻辑电路图→写出逻辑函数表达式→用公式法或卡诺图法进行化简→根据最简式列出函数真值表→确定电路的逻辑功能。

（3）组合逻辑电路设计的任务是根据提出的要求，去设计一个符合要求的最佳逻辑电路，设计的过程实际是分析的反过程，其中最关键的一步是如何对实际问题进行逻辑抽象，确定输入与输出变量，并建立它们之间的逻辑关系。

（4）考虑到工程实际的需要，介绍了一些常用的中规模集成电路芯片，包括逻辑功能、特点、型号及使用方法。这些组合逻辑器件除了具有基本功能外，通常还具有输入使能、输出使能、输入扩展、输出扩展等功能，便于构成其他较复杂的组合逻辑电路，通过对这些典型芯片的应用分析，达到初步掌握运用这类芯片的目的。

自 我 检 测 题

2.1　填空题

1. 常用的组合逻辑电路有＿＿＿＿＿＿和＿＿＿＿＿＿＿＿＿等。

2. 编码器按编码方式不同，分为＿＿＿＿和＿＿＿＿两种。

3. 译码是＿＿＿＿的反过程，它是将＿＿＿代码翻译成给定的数字＿＿＿的过程。

4. 对于共阴极数码管而言，其公共端应接＿＿＿＿＿＿电平。

5. 要求设计一个有 6 种不同输入状态的二进制编码器，最好将其编码为＿＿＿位二进制码输出。

2.2　选择题

1. 将输入的二进制代码转变成对应的信号输出的电路为（　　）。

A. 全加器　　　　　　　　　　　　B. 译码器

C. 数据选择器　　　　　　　　　　D. 编码器

2. 3 线-8 线译码器有（　　）。

A. 3 条输入线，8 条输出线　　　　B. 8 条输入线，3 条输出线

C. 2 条输入线，8 条输出线　　　　D. 3 条输入线，4 条输出线

3. 显示译码器 74151 芯片的输入控制端 $\overline{ST}$ 接（　　）信号时，数据选择器能正常工作。

A. 0　　　　　　B. 1　　　　　　C. 任意　　　　　　D. A_0

4. 半导体数码管是由（　　）发光显示数字字形的。

A. 小灯泡　　　　B. 发光二极管　　　C. 液晶　　　　D. 荧光管

5. T2-1 图所示电路的逻辑关系表达式是（　　）。

A. $\overline{A}\,\overline{B}\,\overline{C} + ABC$ B. ABC C. $\overline{ABC} + ABC$ D. $\overline{A}\,\overline{B}\,\overline{C}$

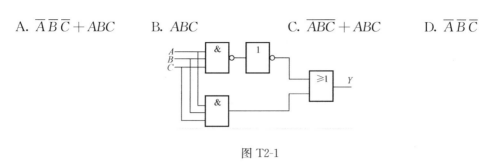

图 T2-1

2.3 判断题（对者打√，错者打×）

1. 组合逻辑电路的输出状态与当前的输入状态有关，因此它具有记忆功能。（   ）

2. 编码器任意时刻都只有一个输入有效，所以编码器只允许一个输入端输入有效信号。（   ）

3. 对共阴结构的显示器件，译码器输出低电平有效，对共阳结构的显示器件，译码器输出高电平有效。（   ）

4. 优先编码器的工作特点是不允许同时输入两个或两个以上的编码信号。（   ）

5. 根据最简函数表达式设计的逻辑电路是最佳的组合逻辑电路。（   ）

2.4 综合题

1. 分析图 T2-2 所示电路。

（1）试问它是组合逻辑电路吗？

（2）写出 Y 的逻辑表达式。

（3）分析该电路的逻辑功能。

2. 在图 T2-3 中 C_1、C_2 为控制端，试分析在 C_1、C_2 输入不同组合下（00、01、10、11），电路各具有什么逻辑功能？

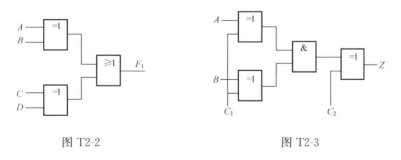

图 T2-2   图 T2-3

3. 在举重比赛中有 A、B、C 三名裁判，A 为主裁判，当两名以上裁判（必须包括 A 在内）认为运动员上举杠铃合格，才能按动电钮可发出裁决合格信号，请设计该逻辑电路，并画出逻辑电路图。

4. 表 T2-1 是 74LS49 显示译码器的功能表。根据功能表回答下列问题：

（1）填写表中的"字形"栏。

（2）74LS49 译码器与共阴还是共阳结构的显示器配合使用？

（3）要正常显示时，$\overline{BI}$ 应为高电平还是低电平？

（4）要灭灯，应怎样处理 74LS49 的各个外引脚？

表 T2-1　　　　　　　　　　　　　　　**74LS49 功能表**

十进制数	输入					输出							字形
	$\overline{BI}$	A_3	A_2	A_1	A_0	Y_a	Y_b	Y_c	Y_d	Y_e	Y_f	Y_g	
消隐	0	×	×	×	×	0	0	0	0	0	0	0	
0	1	0	0	0	0	1	1	1	1	1	1	0	
1	1	0	0	0	1	0	1	1	0	0	0	0	
2	1	0	0	1	0	1	1	0	1	1	0	1	
3	1	0	0	1	1	1	1	1	1	0	0	1	
4	1	0	1	0	0	0	1	1	0	0	1	1	
5	1	0	1	0	1	1	0	1	1	0	1	1	
6	1	0	1	1	0	0	0	1	1	1	1	1	
7	1	0	1	1	1	1	1	1	0	0	0	0	
8	1	1	0	0	0	1	1	1	1	1	1	1	
9	1	1	0	0	1	1	1	1	0	0	1	1	
10	1	1	0	1	0	0	0	0	1	1	0	1	
11	1	1	0	1	1	0	0	1	1	0	0	1	
12	1	1	1	0	0	0	1	0	0	0	1	1	
13	1	1	1	0	1	1	0	0	1	0	1	1	
14	1	1	1	1	0	0	0	0	1	1	1	1	
15	1	1	1	1	1	0	0	0	0	0	0	0	

　　5. 图 T2-4 所示为用于自动控制设备中的可多路控制器的逻辑图。通过改变输入地址码，可控制相应的电路开关（继电器 $K_0 \sim K_7$）。

　　试根据逻辑电路图回答下列问题：

　　（1）要使多路控制器正常工作，ST_A、ST_B、ST_C 应如何连接。

　　（2）设开关 A、B、C 闭合为 0，打开为 1；继电器 $K_0 \sim K_7$ 吸合为 1，释放为 0，列出输入开关 A、B、C 与输出继电器 $K_0 \sim K_7$ 相对应的真值表。

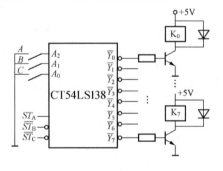

图 T2-4

　　6. 请在电子电路网（http：//www. cndzz. com）等网站上查阅常用编码器、译码器的资料及相关信息。

项目 3　智能抢答器的安装与调试

学习目标

📖 应知

(1) 了解触发器的特点和分类。

(2) 了解 RS 触发器的电路结构和逻辑功能。

(3) 掌握 JK 触发器的逻辑功能。

(4) 了解集成触发器的引脚排列图和逻辑符号图。

(5) 熟悉集成触发器的应用。

📖 应会

(1) 学会查阅集成触发器的引脚排列图和逻辑功能。

(2) 会使用常用集成触发器并会测试其逻辑功能。

(3) 熟悉集成触发器的应用。

(4) 学会安装和调试智能抢答器。

📖 引言

在各种复杂的数字电路中，不但需要对二值信号进行算数运算和逻辑运算，还经常需要将这些信号和运算结果保存起来，也就是需要使用具有记忆功能的逻辑单元。能够存储 1 位二进制信号的基本单元电路统称为触发器。本单元描述了实现数字时钟电路中报时功能的逻辑单元——触发器。触发器是数字电路中的基本逻辑单元，按其稳定工作状态可分为双稳态触发器、单稳态触发器等。双稳态触发器又分为基本 RS 触发器、同步 RS 触发器、D 触发器、JK 触发器等，这些触发器都可用分立元件和集成元件来组成。

任务 3.1　基本 RS 触发器

3.1.1　电路组成及逻辑符号

基本的 RS 触发器又称为 RS 锁存器，它可由两个与非门交叉连接组成，也可由两个或非门交叉连接组成。由两个与非门组成的基本 RS 触发器电路如图 3.1-1（a）所示，逻辑符号如图 3.1-1（b）所示。

触发器有两个输出端，一个记为 Q，另一个记为 $\overline{Q}$。在正常情况下，这两个输出端总是逻辑互补的，即一个为 0 时，另一为 1；当定义 $Q=1$、$\overline{Q}=0$ 时，触发器状态为 1 状态；当 $Q=0$、$\overline{Q}=1$ 时，触发器状态为 0 状态。

触发器有两个输入端 $\overline{R}$ 和 $\overline{S}$，是用来加入触发信号的端子。"$\overline{R}$" 和 "$\overline{S}$" 文字符号上面的 "－" 号，表明这种触发器输入信号为低电平时有效。

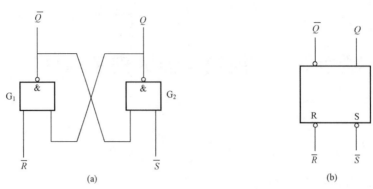

图 3.1-1　基本 RS 触发器

(a) 与非门组成的 RS 触发器；(b) 逻辑符号

3.1.2　逻辑功能分析

1. 逻辑功能

(1) $\overline{R}=0, \overline{S}=1$ 时，具有置 0 功能。

由于 $\overline{R}=0$，与非门 G_1 因输入端有 0，$\overline{Q}$ 不管原状态是 0 或是 1，此时均为 1 状态，而与非门 G_2 输入端因全是 1，Q 输出为 0 状态，即触发器完成置 0。$\overline{R}$ 端称为触发器的置 0 端或复位端。

(2) $\overline{S}=0, \overline{R}=1$ 时，具有置 1 功能。

与非门 G_2 因输入端有 0 而使 Q 不管原状态是 0 或是 1，都使 Q 输出为 1 状态，而与非门 G_1 因输入端全是 1，而使 $\overline{Q}$ 为 0 状态，即触发器完成置 1。$\overline{S}$ 端称为置 1 端或置位端。

必须强调的是，当电路进入新的状态后，即使撤消了在 $\overline{R}$ 端或 $\overline{S}$ 端所加的低电平输入信号，若有 $\overline{R}=\overline{S}=1$，则触发器的新状态也能够稳定地保持。

(3) $\overline{R}=\overline{S}=1$ 时，具有保持功能。

此时假设触发器处于 0 状态，则这个状态是稳定的。因为 $Q=0$，即与非门 G_1 输入端有 0，则 $\overline{Q}$ 一定为 1，而与非门 G_2 输入端全为 1，使得与非门 G_2 输出为 0，即 $Q=0$。所以触发器的 0 状态是稳定的。

(4) $\overline{S}=0, \overline{R}=0$ 时，触发器状态不确定。

当 $\overline{S}=0$、$\overline{R}=0$ 时，与非门被封锁，迫使 $Q=\overline{Q}=1$，破坏了 Q 和 $\overline{Q}$ 的逻辑互补性，这种情况应当是禁止的，否则会出现逻辑混乱状态。

为了表示触发器在输入信号 $\overline{R}$、$\overline{S}$ 作用下，它的状态的变化，可根据上述分析，把基本 RS 触发器的状态变化列于表 3.1-1 中。

表 3.1-1　　　　　　　　与非门组成的基本 RS 触发器的状态表

输入信号		输出信号		功能说明
$\overline{S}$	$\overline{R}$	Q	$\overline{Q}$	
1	1	不	变	保持原状态
1	0	0	1	置 0
0	1	1	0	置 1
0	0	不	定	不定状态（禁用）

从表 3.1-1 中可看出：RS 触发器具有置 0、置 1 和保持三种功能。

2. 波形图

设触发器初始状态为 0（即 $Q = 0$，$\overline{Q} = 1$），根据给定输入信号波形，画出相应触发器输出端 Q 的波形，如图 3.1-2 所示。这种波形图也称为时序图。需注意的是画时序图时，若遇到触发器输入条件 $\overline{R} = \overline{S} = 0$，接着又同时出现 $\overline{R} = \overline{S} = 1$，则 Q 和 $\overline{Q}$ 为不定状态，用虚线或阴影注明，以表

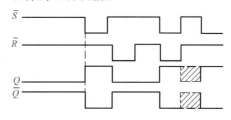

图 3.1-2 基本 RS 触发器波形图

示触发器处于不定状态，直至下一个 $\overline{S}$ 或 $\overline{R}$ 有确定的脉冲作用为止。

？想一想

1. 什么是触发器？它和门电路有什么区别？

2. 基本 RS 触发器的电路结构和逻辑符号是什么样的？输出状态在什么情况下是不确定的？

任务 3.2 同步 RS 触发器

基本 RS 触发器动作特点是当输入端的置 0 或置 1 信号一出现，输出状态就可能随之而发生变化。触发器状态的转换没有一个统一的节拍，这不仅使电路的抗干扰能力下降，而且也不便于多个触发器同步工作。在实际使用中，经常要求触发器按一定的节拍动作，于是产生了同步触发器，它属于时钟触发器。

这种触发器有两种输入端：一种是决定其输出状态的信号输入端；另一种是决定其动作时间的时钟脉冲输入端，简称 CP 输入端。

3.2.1 电路组成及逻辑符号

它由基本 RS 触发器和用来引入 R、S 及时钟 CP 信号的两个与非门构成，如图 3.2-1（a）所示。电路的逻辑符号如图 3.2-1（b）所示。

3.2.2 逻辑功能分析

时钟触发器的动作时间是由时钟脉冲 CP 控制的。规定 CP 作用前触发器的原状态称为初态，用 Q^n 表示；CP 作用后触发器的新状态称为次态，用 Q^{n+1} 表示。

1. 逻辑功能

分析图 3.2-1 电路可知，在 $CP=0$ 期间，因 $\overline{R} = \overline{S} = 1$，触发器状态保持不变。在 $CP=1$ 期间，R 和 S 端信号经倒相后被引导到基本 RS 触发器的输入端 $\overline{R}$ 和 $\overline{S}$ 端，其逻辑功能为：

（1）当 $R=S=0$ 时，触发器保持原来状态不变。

（2）当 $R=1$、$S=0$ 时，触发器被置为 0 状态。

（3）当 $R=0$、$S=1$ 时，触发器被置为 1 状态。

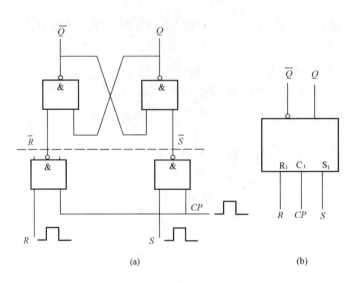

图 3.2-1　同步 RS 触发器

(a) 逻辑电路；(b) 逻辑符号

(4) 当 $R=S=1$ 时，触发器的输出 $Q=\overline{Q}=1$，当 R 和 S 同时返回 0（或 CP 从 1 变为 0）时，触发器将处于不定状态。

根据以上分析，可以列出此触发器的状态转换表见表 3.2-1，表中的"×"表示不定状态。这里需要强调的是触发器的状态只能在 $CP=1$ 到来时才能翻转。

表 3.2-1　　　　　　　　　同步 RS 触发器状态转换表

输入		初态	次态	功能说明
S	R	Q^n	Q^{n+1}	Q^{n+1}
0	0	0	0	Q^n（保持）
0	0	1	1	
0	1	0	0	0　（置 0）
0	1	1	0	
1	0	0	1	1（置 1）
1	0	1	1	
1	1	0	不定	×（不定）
1	1	1	不定	

2. 波形图

同步 RS 触发器的波形如图 3.2-2 所示。

从图 3.2-2 中可以看出与基本 RS 触发器相比有以下特点：

(1) 同步 RS 触发器状态的转变增加了时间概念。

(2) $CP=1$ 期间，输入信号 R、S 信号的变化会引起触发器输出状态的变化，会出

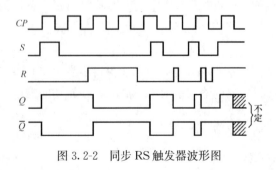

图 3.2-2　同步 RS 触发器波形图

现在 1 个 CP 作用下，引起触发器两次或多次翻转，产生叫做"空翻"的现象，所以在实际应用中同步 RS 触发器受到一定的限制。

?想一想

1. 同步 RS 触发器的电路结构和逻辑符号是什么样的？

2. 同步 RS 触发器与基本 RS 触发器相比有哪些特点？什么是"空翻"现象？

任务 3.3   边沿 JK 触发器

为了提高触发器工作的可靠性和抗干扰能力，解决"空翻"的问题，人们在同步触发器的基础上又设计了边沿触发器。边沿触发器是指靠 CP 脉冲上升沿或下降沿进行触发的触发器。在 CP 脉冲上升沿触发的触发器称上升沿触发器，靠 CP 脉冲下降沿触发的触发器称下降沿触发器。

3.3.1   下降沿 JK 触发器

1. 逻辑功能分析

下降沿 JK 触发器的状态表见表 3.3-1。

表 3.3-1   下降沿 JK 触发器的状态转换表

CP	J	K	Q^n（原态）	Q^{n+1}（次态）	功能说明
	0	0	0	0	保持原状态
↓	0	0	1	1	
	0	1	0	0	置 0（输出状态与 J 相同）
↓	0	1	1	0	
	1	0	0	1	置 1（输出状态与 J 相同）
↓	1	0	1	1	
	1	1	0	1	翻转（与原状态相反）
↓	1	1	1	0	

从表 3.3-1 中可看出：JK 触发器具有置 0、置 1、保持和翻转四种功能。

2. 逻辑符号

下降沿触发的 JK 触发器逻辑符号如图 3.3-1 所示。

图中 $\overline{S_D}$、$\overline{R_D}$ 为异步直接置 1 和直接置 0 端。当 $\overline{S_D}=0$，$\overline{R_D}=1$ 时，触发器输出为 1；当 $\overline{R_D}=0$，$\overline{S_D}=1$ 时，触发器输出为 0；当 $\overline{S_D}=\overline{R_D}=1$ 时，触发器按下降沿 JK 触发器的状态表正常工作。

【**例 3.3-1**】对下边沿 JK 触发器加输入信号 CP、J、K 波形如图 3.3-2 所示，试画出输出端 Q 的波形，设初态 $Q^n=0$。

解：根据每一个 CP 下降沿到来之前瞬间 J、K 的逻辑状态，就

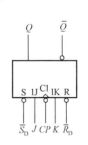

图 3.3-1   JK 触发器
逻辑符号

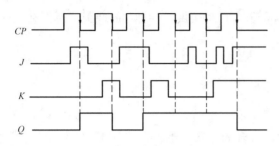

图 3.3-2　例 3.3-1 的波形图

可以确定在每个 CP 下降沿后到来的次态 Q^{n+1} 的波形。

首先画出每个 CP 下降沿作用瞬间的时标虚线，从初态 $Q=0$ 开始，根据 J、K 状态逐个画出 Q 的次态波形如图 3.3-2 所示。

3.3.2　集成边沿 JK 触发器

集成边沿 JK 触发器在电子技术中已广泛应用，常用的有：TTL 型，如 74LS112；CMOS 型，如 CC4027 等。下面以 74LS112 为例，介绍其逻辑功能及应用。

1. 逻辑符号、引脚排列图

74LS112 为双 JK 触发器，其外引脚排列和逻辑符号如图 3.3-3 所示。

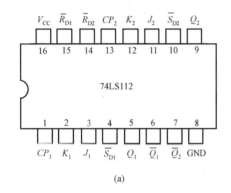

(a)

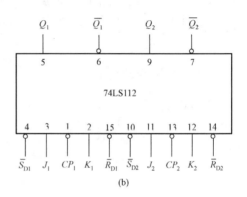

(b)

图 3.3-3　TTL 边沿 JK 触发器 74LS112

(a) 外引脚排列图；(b) 逻辑符号

2. 逻辑功能

集成边沿 JK 触发器 74LS112 状态转换表见表 3.3-2。

表 3.3-2　　　　　　　　　　　　　　74LS112 的状态转换表

J	K	Q^n	$\overline{R_D}$	$\overline{S_D}$	CP	Q^{n+1}	功能说明
0	0	0	1	1	↓	0	保持
0	0	1	1	1	↓	1	
0	1	0	1	1	↓	0	置 0
0	1	1	1	1	↓	0	
1	0	0	1	1	↓	1	置 1
1	0	1	1	1	↓	1	
1	1	0	1	1	↓	1	翻转
1	1	1	1	1	↓	0	
×	×	×	0	1	×	0	异步置 0
×	×	×	1	0	×	1	异步置 1

3. 74LS112 的应用实例

图 3.3-4 为利用 74LS112 集成电路构成的单按钮电子转换开关电路,该电路只利用一个按钮即可实现电路的接通与断开。

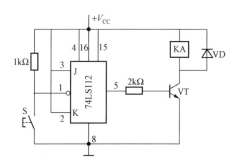

电路中,CT74LS112 的 J、K 端与 $+V_{CC}$ 相连接,由 JK 触发器的状态方程可得 $Q^{n+1} = \overline{Q^n}$,则每按一次按钮 S,相当于为触发器提供一个时钟脉冲下降沿,触发器状态翻转一次。如假设 $Q=0$,当按下 S 时,触发器状态由 0 变为 1,当再次按下

图 3.3-4　74LS112 的应用电路

S 时,触发器状态又由 1 翻转为 0。Q 端经晶体管 VT 驱动继电器 KA,利用 KA 的触点转换即可通断其他电路。

　　JK 触发器具有哪几种逻辑功能?它与同步 RS 触发器比较有什么不同?

练一练

　　下降沿触发的 JK 触发器输入波形如图 3.3-5 所示,设触发器初态为 0,画出相应输出波形。

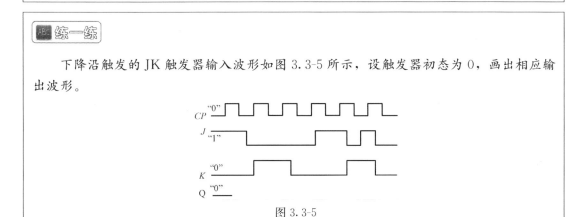

图 3.3-5

任务 3.4　边沿 D 触发器

　　D 触发器与 JK 触发器不同,它具有一个信号输入端,D 触发器可以由 JK 触发器组成。目前也有专用的集成电路,如 74LS74 等。

3.4.1　上升沿 D 触发器

1. 逻辑功能

边沿 D 触发器状态转换表见表 3.4-1。

表 3.4-1　　　　　　　　　　　　　D 触发器的状态转换表

CP	D	Q^n	Q^{n+1}	说　　明
↑	0	0	0	置 0(输出状态与 D 相同)
↑	0	1	0	

续表

CP	D	Q^n	Q^{n+1}	说　明
↑	1	0	1	置 1（输出状态与 D 相同）
↑	1	1	1	

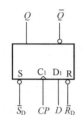

图 3.4-1　D 触发器
逻辑符号

从表 3.4-1 中可看出，边沿 D 触发器的状态是在 CP 的上升沿发生翻转，故它是上升沿触发的触发器。它只有置 0、置 1 两种功能。

2. 逻辑符号

图 3.4-1 为上升沿触发的 D 触发器逻辑符号。

3.4.2　集成边沿 D 触发器

集成边沿 D 触发器的种类很多，应用范围也很广泛，下面以 74LS74 为例介绍其逻辑功能及应用。

1. 逻辑符号、引脚排列图

图 3.4-2 所示是 74LS74 的外引脚排列和逻辑符号图。

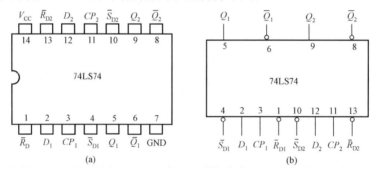

图 3.4-2　边沿 D 触发器 74LS74

（a）外引脚排列；（b）逻辑符号

2. 逻辑功能

集成边沿 D 触发器 74LS74 的状态转换表见表 3.4-2。

表 3.4-2　　　　　　　　　　集成边沿 D 触发器 74LS74 的状态转换表

CP	D	$\overline{R_D}$	$\overline{S_D}$	Q^{n+1}	功能说明
		输　入		输　出	
↑	0	1	1	0	同步置 0
↑	1	1	1	1	同步置 1
↑	×	1	1		保持
×	×	0	1	0	异步置 0
×	1	1	0	1	异步置 1

表 3.4-2 说明 74LS74 是 CP 上升沿触发的边沿触发器，$Q^{n+1}=$ D，$\overline{R_D}=0$，$\overline{S_D}=1$ 时置 0，$\overline{R_D}=1$，$\overline{S_D}=0$ 时置 1。

【例 3.4-1】已知下降沿 D 触发器 CP、D 的信号波形如图 3.4-3 所示，试画出输出信

号 Q 的波形。设 Q 的初始状态为 0。

解：D 触发器的输出状态由输入端 D 的状态决定。因为是下降沿触发器，所以要看 CP 脉冲下降沿（CP 由 1 变为 0 的一瞬间）对应的 D 状态。在这一时刻，若 $D=0$，则 $Q=0$；若 $D=1$，则 $Q=1$。

画出每个 CP 下降沿作用瞬间的时标虚线，从初态 $Q=0$ 开始，根据 D 状态逐个画出 Q 的次态波形如图 3.4-3 所示。

3. 74LS74 的应用实例

图 3.4-4 是利用 74LS74 构成的单按钮电子转换开关，工作原理与图 3.3-4 相同，电路中 74LS74 的 D 端和 $\overline{Q}$ 端连接，即 D 状态总是和 Q 状态相对应的。

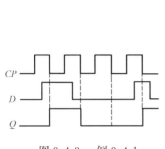

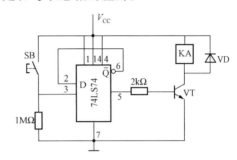

图 3.4-3　例 3.4-1　　　　　　　图 3.4-4　74LS74 的应用电路

？ 想一想

D 触发器具有哪几种逻辑功能？它与 JK 触发器比较有什么不同？

ABC 练一练

上升沿触发 D 触发器的输入波形如图 3.4-5 所示，试画出输出信号 Q 的波形。设触发器的初始状态为 0。

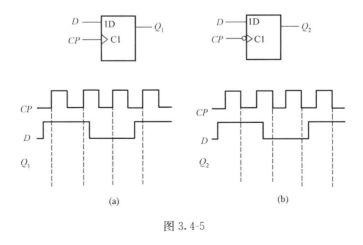

图 3.4-5

任务 3.5 四人智能抢答器的安装与调试

3.5.1 任务目标

（1）根据要求设计四人智能抢答器电路。

（2）根据逻辑电路选择所需要的元器件，并做简易测试。

（3）根据原理图绘制电路安装连接图。

（4）按照工艺要求正确安装电路。

（5）对安装好的电路进行简单检测。

3.5.2 实施步骤

设计四人智能抢答器电路→画出逻辑电路图→绘制布线图→清点元器件→元器件检测→电路安装布局→通电前检查→通电调试→数据记录。

1. 设计四人智能抢答器逻辑电路

四人智能抢答器逻辑参考电路如图 3.5-1 所示。根据电路图，选择合适元器件（元器件清单见表 3.5-1）。

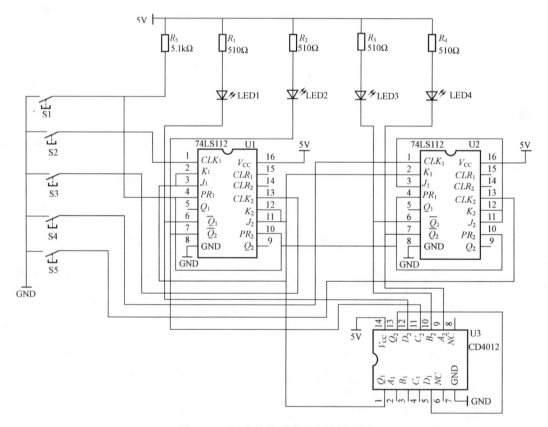

图 3.5-1 四人抢答器参考电路原理图

2. 主要元器件准备与检测

为了保证电路功能正常实现，安装前必须要先进行元器件的清点和检测。请对照原理图清点元器件，并根据所学知识按照表 3.5-1 对所有元器件进行检测。最后将检测结果填入表中。

表 3.5-1　　　　　　　　　　　　　　元器件清单检测表

符　号	名称	规格	检测结果	符　号	名称	规格	检测结果
R_1、R_2	电阻	510Ω		IC1	JK 触发器（1）	74LS112	
R_3	电阻	4.7kΩ		IC2	JK 触发器（2）	74LS112	
R_1、R_2、R_3、R_4	电阻	10kΩ		IC3	双 4 输入与非门	CC4012	
R_5、R_6、R_7、R_8	电阻	470Ω		S	按键		
C	电容	103		LED	发光二极管		
S1、S2、S3、S4、S5	自锁开关						

（1）集成 JK 触发器 74LS112 的检测。

1）图 3.5-2（a）为 74LS112 检测原理图，四个输入端 J_1、K_1、J_2、K_2 分别接电平开关，输出端 $1\overline{Q}$、$2\overline{Q}$ 分别接接电平指示灯。图 3.5-2（b）为检测电路实物接线示意图。

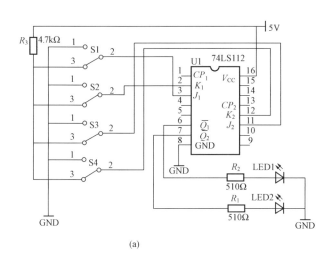
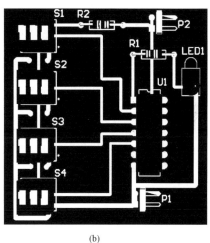

(a)　　　　　　　　　　　　　　　　　(b)

图 3.5-2　74LS112 的检测电路

（a）检测电路原理图；（b）实物接线示意图

2）依据集成 JK 触发器 74LS112 的逻辑功能，按照表中设置的状态，依次检测输出状态，根据测试结果将触发器的逻辑功能填入表 3.5-2 中。

表 3.5-2　　　　　　　　　　　　　74LS112 逻辑功能检测表

J_1	K_1	CP_1	初态为 0 时		初态为 1 时		功能说明
			Q^n	Q^{n+1}	Q^n	Q^{n+1}	
0	0	$0 \rightarrow 1$	0		1		
		$1 \rightarrow 0$	0		1		

J_1	K_1	CP_1	初态为0时		初态为1时		功能说明
			Q^n	Q^{n+1}	Q^n	Q^{n+1}	
0	1	$0 \rightarrow 1$	0		1		
		$1 \rightarrow 0$	0		1		
1	0	$0 \rightarrow 1$	0		1		
		$1 \rightarrow 0$	0		1		
1	1	$0 \rightarrow 1$	0		1		
		$1 \rightarrow 0$	0		1		

3）分析检测结果，验证 74LS112 触发器的逻辑功能。

（2）双 4 输入与非门 CC4012 的检测。

1）图 3.5-3（a）为与非门 CC4012 检测原理图，双 4 输入与非门 CC4012 四个输入端分别是从 JK 触发器的输到端接电平开关，输出端接一个电平指示灯。图 3.5-3（b）为检测电路实物接线示意图。

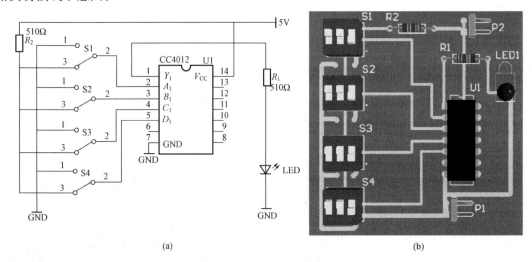

(a)   (b)

图 3.5-3 CC4012 的检测电路

（a）检测电路原理图；（b）实物接线示意图

2）根据与非门的逻辑功能，按照表格对 CC4012 的逻辑功能进行测试，并将测试结果填入表 3.5-3 中。

表 3.5-3   逻辑功能检测表

输入				输出	预计状态
A_1	B_1	C_1	D_1	Y	Y
0	0	0	0		
0	0	0	1		
0	0	1	0		
0	1	0	0		
1	0	0	0		
1	1	1	1		

分析检测结果，验证 CC4012 与非门的逻辑功能。

（3）其他元件的测试。对电阻、按键开关、发光二极管的检测，可参照单元前面介绍的方法进行。

3. 电路安装

根据电路原理图，并参考元器件实物外形，合理安排安装布局。图 3.5-4 为四人抢答器实物电路接线参考图。图 3.5-5 为四人抢答器印制电路板布线参考图。

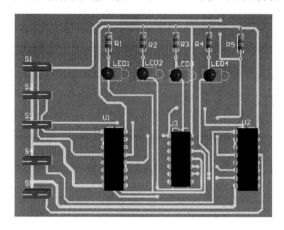 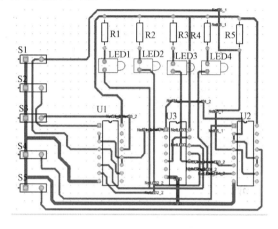

图 3.5-4　四人抢答器实物电路接线参考图　　图 3.5-5　四人抢答器印制电路板布线参考图

将经过处理后的元器件进行插接，插接顺序按先集成后分立，先主后次进行元器件的安放。插装时各元器件均不能插错，特别要注意有极性的元器件不能插反，如发光二极管。该电路中电容选用瓷片电容，注意电容的容量大小。焊接顺序及安装工艺见表 3.5-4。

表 3.5-4　　　　　　　　　　元器件焊接顺序及安装工艺表

焊接顺序	符号	元器件名称	安装工艺要求
1	R	色环电阻	（1）水平卧式安装，色环朝向一致 （2）电阻体贴紧电路板（1mm 以内） （3）剪脚留头（1mm 以内）
2	LED	发光二极管	（1）注意正负极方向 （2）与外壳结合决定安装高度 （3）剪脚留头（1mm 以内）
3	S	不带自锁按钮	（1）正确区分按钮引脚 （2）直立安装，一般离电路板 1mm
4	C	电容	（1）电容直立，一般离电路板（1mm 以内） （2）剪脚留头（1mm 以内）
5	DIP	集成块底座	（1）安装时插座的缺口要与电路布线图一致 （2）直立安装，一般离电路板 1mm （3）焊接完成后用万用表测量焊点与插座是否连接完好

4. 电路调试

（1）电路的工作过程。该电路设有 5 个按钮，分别为 1 个 JK 触发器清零按钮和 4 个抢答按钮。当按下 S1 时，各触发器被清零，$\overline{Q}=1$，LED 均熄灭。这时抢答器进入工作状态。

当按下抢答按钮 S2 ，CP 下降沿触发使 JK 触发器翻转，输出 $\overline{Q}_1=0$，LED1 被点亮。此时 JK 触发器处于保持状态，LED2～LED4 均保持熄灭。若有其他抢答按钮按下，JK 触发器因处于保持状态不翻转，实现了抢答功能。

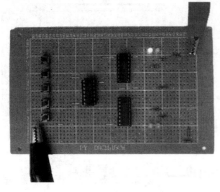

图 3.5-6　四人抢答器实物测试图

再次按下 S1，各 JK 触发器被清零，$\overline{Q}=1$，LED 均熄灭。可进入第二轮抢答。

（2）电路的调试。当有抢答信号输入时，观察对应指示灯是否点亮，若不亮，可用万用表分别测量相关与非门的输入端、输出端电平状态是否正常。

若抢答按钮按下时指示灯亮，松开时又灭掉，说明电路不能保持，此时应检查与非门相互连接是否正确。

四人抢答器实物测试图如图 3.5-6 所示。

3.5.3　问题讨论

（1）若抢答器还需要在抢答时发出声音，则电路要怎样改进？

（2）请你总结装配、调试的制作经验和教训，并与同学分享或借鉴。

3.5.4　技能评价

1. 自我评价（40 分）

首先由学生根据实训任务完成情况进行自我评价，评分值填入表 3.5-5 中。

表 3.5-5　　　　　　　　　　　　自 我 评 价 表

项目内容	配分	评分标准	扣分	得分
1. 选配元器件	10 分	（1）能正确选配元器件，选配出现一个错误扣 1～2 分 （2）能正确测量电阻值及其按键管脚的识别，出现一个错误扣 1～2 分		
2. 安装工艺与焊接质量	30 分	安装工艺与焊接质量不符合要求，每处可酌情扣 1～3 分，例如 （1）元器件成形不符合要求 （2）元器件排列与接线的走向错误或明显不合理 （3）导线连接质量差，没有紧贴电路板 （4）焊接质量差，出现虚焊、漏焊、搭锡等		
3. 电路调试	20 分	（1）电路一次通电调试成功，得满分 （2）如在通电调试时发现元器件安装或接线错误，每处扣 3 分		

续表

项目内容	配分	评分标准	扣分	得分
4. 电路测试	20分	（1）能正确使用万用表测量电压，且记录完整，可得满分 （2）否则每项酌情扣 2～5 分		
5. 安全、文明操作	20分	（1）违反操作规程，产生不安全因素，可酌情扣 7～10 分 （2）着装不规范，可酌情扣 3～5 分 （3）迟到、早退、工作场地不清洁，每次扣 5～10 分		
总评分＝（1～5 项总分）×40%				

签名：＿＿＿＿＿＿＿＿ ＿＿＿年＿＿月＿＿日

2. 小组评价（30 分）

再由同一实训小组的同学结合自评的情况进行互评，将评分值填入表 3.5-6 中。

表 3.5-6　　　　　　　　　　　　　　　小组评价表

项目内容	配分	评分
1. 实训记录与自我评价情况	20分	
2. 对实训室规章制度的学习与掌握情况	20分	
3. 相互帮助与协作能力	20分	
4. 安全、质量意识与责任心	20分	
5. 能否主动参与整理工具、器材与清洁场地	20分	
总评分＝（1～5 项总分）×30％		

参加评价人员签名：＿＿＿＿＿＿＿＿＿＿ ＿＿＿年＿＿月＿＿日

3. 教师评价（30 分）

最后，由指导教师结合自评与互评的结果进行综合评价，并将评价意见与评分值填入表 3.5-7 中。

表 3.5-7　　　　　　　　　　　　　　　教师评价表

教师总体评价意见：	
教师评分（30 分）	
总评分＝自我评分＋小组评分＋教师评分	

教师签名：＿＿＿＿＿＿＿＿ ＿＿＿年＿＿月＿＿日

单 元 小 结

（1）触发器和门电路一样是构成数字电路应用十分广泛的基本逻辑单元，前者具有记忆功能，后者没有记忆功能。在输入信号触发下，触发器可以处于 0 或 1 两种稳态之一。

（2）把两个与非门或者或非门交叉连接起来，便构成了基本 RS 触发器，它的特点是输出状态不受时钟脉冲 CP 控制，而由输入信号电平直接控制。

（3）在基本触发器基础上，增加两个控制门和一个控制信号，便可构成同步触发器。它的特点是输出状态由时钟 CP（电平直接控制）。

（4）边沿触发器的特点是输出状态由时钟 CP 上升沿或下降沿控制。接收进触发器的是 CP 上升沿或下降沿时刻输入信号的值，其他时间输入信号均不起作用。常见的有边沿 JK 触发器和边沿 D 触发器。这种边沿触发器能确保在一个 CP 脉冲期间，触发器只动作一次。

（5）几种常用触发器的逻辑符号和逻辑功能见表 Z3-1。

表 Z3-1　　　　　　　　几种常用触发器的逻辑符号和逻辑功能

触发方式	电路名称	图形符号	逻辑功能	控制特点
电平触发	基本 RS 触发器		置0、置1、保持	直接控制，输入有约束
	同步 RS 触发器		置0、置1、保持	$CP=0$ 时输出状态不变，$CP=1$ 时接收输入端信号存在空翻现象
	同步 JK 触发器		置0、置1、保持、翻转	
	同步 D 触发器		置0、置1	
边沿触发	边沿 JK 触发器		置0、置1、保持、翻转	上升沿接收信号，无空翻
				下降沿接收信号，无空翻
	边沿 D 触发器		置0、置1	上升沿接收信号，无空翻

（6）在选用集成触发器时不仅要知道它的逻辑功能、引脚排列，还必须知道它的触发方式。这样才能正确使用触发器。

自 我 检 测 题

3.1 填空题

1. 基本 RS 触发器可以用两个交叉耦合的_____连接组成。

2. 按结构形式的不同，触发器可分为两大类：一类是没有时钟控制端的_____触发器，另一类是具有时钟控制端的_____触发器。

3. 触发器有两个输出端 Q 和 $\overline{Q}$，正常工作时 Q 和 $\overline{Q}$ 端的状态_____，以_____端的状态表示触发器的状态。

4. 仅具有"置 0"、"置 1"功能的触发器叫_____。

5. 在使用触发器时，必须注意电路的_____及_____，这是分析由触发器组成的逻辑电路的两个重要的依据。

3.2 选择题

1. 能够存储 0、1 二进制信息的器件是（   ）。

A. 逻辑门   B. 触发器   C. 译码器   D. 编码器

2. 触发器是一种（   ）。

A. 单稳态电路   B. 三稳态电路   C. 无稳态电路   D. 双稳态电路

3. 用与非门构成的基本 RS 触发器，当输入信号 $\overline{S}=0$，$\overline{R}=1$ 时，其逻辑功能为（   ）。

A. 置 0   B. 置 1   C. 保持   D. 不定

4. 当输入 $J=K=1$ 时，JK 触发器所具有的功能是（   ）。

A. 置 0   B. 置 1   C. 保持   D. 计数

5. 下列触发器中具有置 0、置 1、保持和计数功能的是（   ）。

A. RS 触发器   B. JK 触发器   C. D 触发器   D. T 触发器

3.3 判断题

1. 基本 RS 触发器对输入信号没有约束。（   ）

2. 时钟同步的 RS 触发器在脉冲的 CP 上升沿到来时发生翻转。（   ）

3. JK 触发器是触发器中功能最齐全的一种触发器。（   ）

4. 边沿触发器就是指触发器的状态在 CP 脉冲的边沿处发生翻转。（   ）

5. D 触发器具有保持功能。（   ）

3.4 综合题

1. 设同步 RS 触发器的初始状态为 0，R、S 端的波形如图 T3-1（a）、（b）所示，试分别画出 Q 的波形。

2. 下降沿 JK 触发器如图 T3-2（a）所示，输入波形如图 T3-2（b）所示，试画出 JK 触发器输出端 Q 的波形。（设触发器的初始状态为 0）

3. 设图 T3-3 所示中各 TTL 触发器的初始状态皆为 0，试画出在 CP 信号作用下各触发的输出端 $Q_1 \sim Q_6$ 的波形。

4. 试对应画出图 T3-4 所示电路中 Q_1、Q_2 波形。

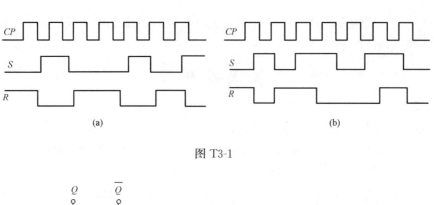

图 T3-1

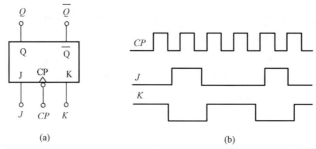

图 T3-2

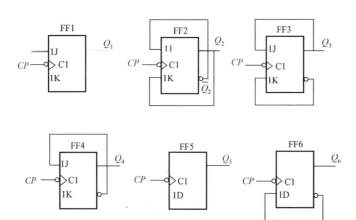

图 T3-3

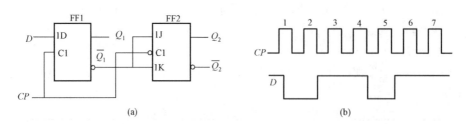

图 T3-4

5. 边沿 D 触发器和边沿 JK 触发器组成的图 T3-5（a）所示的电路，输入波形如图 T3-5（b）所示。试画出 Q_1、Q_2 的波形。

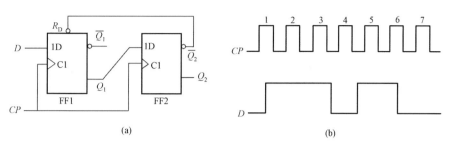

图 T3-5

项目 4　时分秒计数电路的安装与调试

学习目标

📖 **应知**

(1) 了解时序逻辑电路的组成，掌握时序逻辑电路的的特点和分类。

(2) 理解寄存器的概念和逻辑功能，熟悉寄存器的电路结构。

(3) 掌握计数器的概念和逻辑功能，熟悉计数器的电路结构。

(4) 了解常用集成计数器的引脚排列图和逻辑符号图。

(5) 了解集成计数器的应用。

📖 **应会**

(1) 学会查阅集成计数器的引脚排列图和逻辑功能。

(2) 会使用典型集成计数器并会测试其逻辑功能。

(3) 会使用典型集成译码器并会测试其逻辑功能。

(4) 学会安装和调试数字时钟电路中的时分秒计数电路。

📖 **引言**

前面介绍的组合逻辑电路没有记忆功能。在实际应用中，往往需要电路能够综合这一时刻的输入信号和前一时刻的输出状态进行判断。这种具有记忆功能的逻辑电路称为时序逻辑电路，它的输出状态不仅取决于当时的输入信号，而且与电路原来的状态有关，或者说与电路以前的输入状态有关。本单元描述了实现数字时钟电路中时分秒计数逻辑电路——时序逻辑电路。触发器是时序逻辑电路的基本单元，在计算机系统中，寄存器和计数器都是这种电路。

任务 4.1　时序逻辑电路概述

4.1.1　时序逻辑电路的组成

时序逻辑电路由组合逻辑电路和存储电路两部分组成，结构框图如图 4.1-1 所示。图中外部输入信号用 X（x_1，x_2，$\cdots$，x_n）表示；电路的输出信号用 Y（y_1，y_2，$\cdots$，y_m）表示；存储电路的输入信号用 Z（z_1，z_2，$\cdots$，z_k）表示；存储电路的输出信号和组合逻辑电路的内部输入信号用 Q（q_1，q_2，$\cdots$，q_j）表示。

可见，为了实现时序逻辑电路的逻辑功能，电路中必须包含存储电路，而且存储电路的输出还必须反馈到输入端，与外部输入信号一起决定电路的

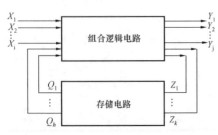

图 4.1-1　时序逻辑电路的结构框图

输出状态。存储电路通常由触发器组成。

4.1.2 时序逻辑电路的分类

时序电路按各触发器接受时钟信号的不同，可分为同步时序电路和异步时序电路两大类。

在同步时序电路中，各触发器状态的变化都是在同一时钟信号作用下同时发生的，例如在 CP 脉冲的上升沿或下降沿；在异步时序电路中，各触发器状态的变化不是同步发生的，可能有一部分电路有公共的时钟信号，也可能完全没有公共的时钟信号。

---

1. 时序逻辑电路和组合逻辑电路有什么区别？
2. 时序逻辑电路的分类有几种？

任务 4.2 寄存器及逻辑功能测试

具有接收、暂存和传送二进制数码功能的逻辑器件称为寄存器。它被广泛地用于各类数字系统和数字计算机中，目前市场上已经有系列产品，供用户选择。具有记忆功能的触发器可以寄存数码，由于一个触发器可存放一位二进制数码，因此存放 n 位数码就需要 n 个触发器。寄存器按其功能不同，可分为数码寄存器和移位寄存器。

4.2.1 数码寄存器

这种寄存器只具有接收、存放和输出数码的功能。在接收指令（在计算机中称为写指令）控制下，将数据送入寄存器存放；需要时可在输出指令（读出指令）控制下，将数据由寄存器读出。

1. 电路组成

图 4.2-1 所示是由四个基本 RS 触发器构成的数码寄存器，但基本 RS 触发器都通过控制门接成了 D 型锁存器的形式。$D_3 \sim D_0$ 是数码输入端，$Q_3 \sim Q_0$ 是输出端，CP 是接收端。接收端实际上就是 D 型锁存器的时钟脉冲输入端。

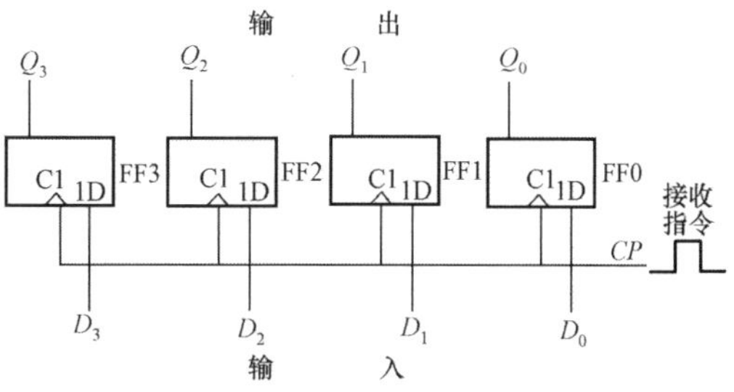

2. 工作过程

图 4.2-1 数码寄存器

当接收脉冲到来后，触发器更新状态，$Q_3Q_2Q_1Q_0 = D_3D_2D_1D_0$，即把输入数码接收进寄存器，并保存起来。这种电路寄存数据时不需要清除原来数据，只要 $CP=1$ 一到达，新的数据就会存入。

3. 集成数据寄存器

常用的由触发器组成的集成数据寄存器有 74LS175、74LS174、74LS374 等，由锁存器组成的数据寄存器常见的有 74LS373 等。锁存器与触发器组成的集成数据寄存器的区别在于：锁存器的送数脉冲为使能信号（电平信号），当使能信号到来时，输出随输入数码的变化而变化，相当于输入信号直接加在输出端；当使能信号结束时，输出保持使能信号跳变时的状态不变。

下面以锁存器 74LS373 为例，介绍其功能。

如图 4.2-2 所示为锁存器 74LS373 的外引脚排列和逻辑符号，其真值表见表 4.2-1。

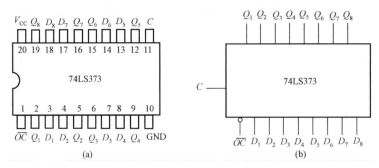

图 4.2-2　锁存器 74LS373
(a) 外引脚排列；(b) 逻辑符号

表 4.2-1　　　　　　　　　　　锁存器 74LS373 真值表

输　入			输　出
$\overline{OC}$	C	D	Q
0	1	1	1
0	1	0	0
0	0	$\times$	Q_0
1	$\times$	$\times$	Z

$\overline{OC}$ 为三态控制端（低电平有效），当 $\overline{OC}=1$ 时，8 个输出端均显高阻态；当 $\overline{OC}=0$ 时，输入数据能传输到输出端。C 为锁存控制输入端，C 为下降沿时锁存数据，且 $C=0$ 时保持；当 $C=1$ 时不锁存，输入数据直接到达输出端。D 为 8 位数据输入端，Q 为 8 位数据输出端。

4.2.2　移位寄存器

移位寄存器除了具有存储数码的功能外，还具有移位功能。所谓移位功能，就是寄存器中所存数据，可以在移位脉冲作用下逐位左移或右移。在数字电路系统中，由于运算的需要，常常要求寄存器中输入的数码能实现移位功能。这种移位寄存器分为单向移位寄存器和双向移位寄存器两大类。

1.　单向移位寄存器

单向移位寄存器，是指仅具有左移功能或右移功能的移位寄存器。

(1) 电路组成。图 4.2-3 是用

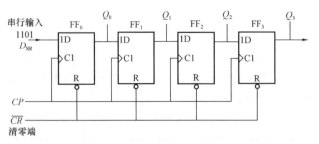

图 4.2-3　四位右移寄存器

D 触发器组成的四位右移的移位寄存器，其中各触发器前一级的输出端 Q 依次接到下一级的数据输入端 D，只有第一个触发器的 D 端接收数据。

（2）工作过程。现在分析将数码 1101 右移串行输入给寄存器的情况。设寄存器各触发器初始状态 $Q_0Q_1Q_2Q_3=0000$，各 D 端状态也是 $D_0D_1D_2D_3=0000$，数码 1101 由输入端 D_{SR} 送入，送数码的顺序是从低位到高位。即先把数码最低位 "1" 送给 D_0，再逐次输入 "0" 和 "1"，最后把最高位的数码 "1" 送入 D_0。具体工作过程如下：

第一个 CP 上升沿到来前

$Q_0Q_1Q_2Q_3=0000$　　　　$D_0D_1D_2D_3=1000$

第一个 CP 上升沿到来时

$Q_0Q_1Q_2Q_3=1000$　　　　$D_0D_1D_2D_3=0100$

第二个 CP 上升沿到来时

$Q_0Q_1Q_2Q_3=0100$　　　　$D_0D_1D_2D_3=1010$

第三个 CP 上升沿到来时

$Q_0Q_1Q_2Q_3=1010$　　　　$D_0D_1D_2D_3=1101$

第四个 CP 上升沿到来时

$Q_0Q_1Q_2Q_3=1101$

上述串行输入数码右移寄存器过程见表 4.2-2。

表 4. 2-2　　　　　　　　　　　四位右移寄存器状态表

CP 顺序	输入	输出				位过程
	D_{SR}	Q_0	Q_1	Q_2	Q_3	
0	1	0	0	0	0	清零
1	0	1	0	0	0	右移一位
2	1	1	1	0	0	右移二位
3	1	1	0	1	0	右移三位
4	0	1	1	0	1	右移四位

四位右移寄存器的波形图如图 4.2-4 所示。从图中可以清楚地看到四位右移寄存器输入和输出的关系。

2. 集成双向移位寄存器

在单向移位寄存器的基础上，增加由门电路组成的控制电路，就可以构成既能左移又能右移的双向移位寄存器。

（1）74LS194 外引脚排列和逻辑符号。74LS194 为集成双向移位寄存器。74LS194 的外引脚排列和逻辑符号如图 4.2-5 所示。

（2）逻辑功能。集成双向移位寄存器 74LS194 各引脚功能如下：

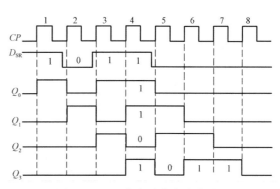

图 4.2-4　四位右移寄存器波形图

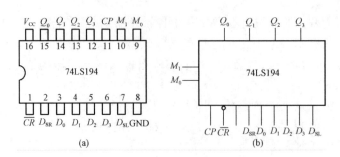

图 4.2-5　74LS194 集成双向移位寄存器

(a) 外引脚排列；(b) 逻辑符号

1）$\overline{CR}$ 为清零端，$\overline{CR}$ 有效电平为低电平。当 $\overline{CR}=0$ 时，不论各输入端和控制端为何值，寄存器输出 $Q_0Q_1Q_2Q_3=0000$，$\overline{CR}$ 也是使能端，$\overline{CR}=1$ 时，允许工作；$\overline{CR}=0$ 时，禁止工作，不能进行置数和移位。

2）M_1、M_0 为工作方式控制端。寄存器工作时，应将 $\overline{CR}$ 端接高电平。

$M_1M_0=00$ 时，寄存器具有保持功能；

$M_1M_0=01$ 时，寄存器处于向右移位工作方式，在 CP 脉冲上升沿到来时，右移输入端 D_{SR} 的串行输入数据依次右移；

$M_1M_0=10$ 时，寄存器处于左移工作方式，在 CP 脉冲上升沿到来时，左移输入端 D_{SL} 的串行输入数据依次左移；

$M_1M_0=11$ 时，寄存器处于并行输入工作方式，在 CP 脉冲上升沿到来时，将并行输入的数据 $D_0 \sim D_3$ 送入寄存器中，从并行输出端直接输出。

M_1、M_0 的四种取值（00、01、10、11）决定了寄存器的逻辑功能，其功能见表 4.2-3。该寄存器的逻辑功能较强，具有清零、并行输入（置数）、右移、左移、保持等功能。

3）D_{SR}、D_{SL}：分别为右移、左移串行数码输入端。

4）$D_0 \sim D_3$：并行数据输入端。

5）$Q_0 \sim Q_3$：并行数据输出端。

表 4.2-3　　　　　　　　　　74LS194 集成双向移位寄存器功能表

$\overline{CR}$	M_1	M_0	功　　能
0	×	×	清零
1	0	0	保持
1	0	1	右移
1	1	0	左移
1	1	1	并行输入

74LS194 集成双向移位寄存器是一种常用的、功能较强的中规模集成电路，与它逻辑功能和外引脚排列都兼容的芯片有 CC40194 和 CC4022、CT74198 等。

练一练

由集成移位寄存器 74LS194 和非门组成的脉冲分配器电路如图 4.2-6（a）所示，试画出在 CP 脉冲作用下移位寄存器各输出端的波形。

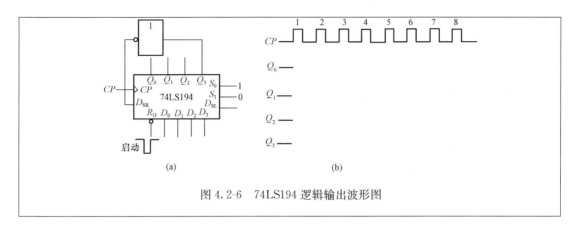

图 4.2-6　74LS194 逻辑输出波形图

![知识拓展]

4.2.3　集成寄存器逻辑功能测试

以 74LS194 集成双向移位寄存器为例测试其逻辑功能。

（1）熟悉 74LS194 芯片各引脚的功能。

（2）芯片逻辑功能测试。

1）按图 4.2-7 接线进行基本功能测试。$Q_0 \sim Q_3$ 接状态显示发光二极管，$\overline{CR}$、D_{SR}、$D_0 \sim D_3$、D_{SL}、M_1、M_0 分别接逻辑开关，CP 端接单次脉冲。

2）调节直流稳压电源，是输出电压为 5V。

3）按表 4.2-4 设定的输入状态，逐次进行测试。

4）观察 $Q_0 \sim Q_3$ 的状态，将测试的结果记录在表 4.2-4 中。

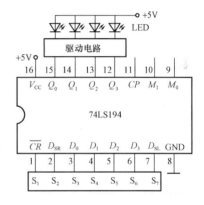

图 4.2-7　74LS194 集成双向移位
寄存器逻辑功能图

表 4.2-4　　　　　　　　　　　　74LS194 功能测试结果记录

输										输		出	
清除	方 式		时钟	串行输入		并 行 输 入							
$\overline{CR}$	M_1	M_0	CP	D_{SL}左	D_{SR}右	D_3	D_2	D_1	D_0	Q_3	Q_2	Q_1	Q_0
0	×	×	×	×	×	×	×	×	×				
1	×	×	0	×	×	×	×	×	×				
1	1	1	↑	×	×	D_3	D_2	D_1	D_0				
1	0	1	↑	×	1	×	×	×	×				
1	0	1	↑	×	0	×	×	×	×				
1	1	0	↑	1	×	×	×	×	×				
1	1	0	↑	0	×	×	×	×	×				
1	0	0	×	×	×	×	×	×	×				

（3）分析讨论。

1) 集成双向移位寄存器 74LS194 具有哪些功能？

2) $D_0 \sim D_3$ 是什么输入端？

任务4.3   计数器及逻辑功能测试

在数字系统中使用最多的时序逻辑电路就是计数器。计数器不仅能用于对时钟脉冲计数，还可以用于分频、定时、产生节拍脉冲和进行数字运算等。

计数器若按各个计数单元动作的次序划分，可分为同步计数器和异步计数器；若按进制方式不同划分，可分为二进制计数器、十进制计数器以及任意进制计数器；若按计数过程中数字的增减划分，可分为加法计数器、减法计数器和加减均可的可逆计数器。在数字系统中，任何进制都以二进制为基础。

4.3.1   二进制计数器

1. 异步二进制加法计数器

异步计数是指计数脉冲没有加到所有触发器的 CP 端，只作用于某些触发器的 CP 端。当计数脉冲到来时，各触发器的翻转时刻不同，所以，在分析异步计数器时，要特别注意各触发器翻转所对应的有效时钟条件。

异步二进制计数器是计数器中最基本最简单的电路，它一般由 JK 触发器连接而成，计数脉冲加到最低位触发器的 CP 端，低位触发器的输出作为相邻高位触发器的时钟脉冲。

（1）电路组成。如图 4.3-1 所示，是由下降沿触发的 JK 触发器组成的三位异步二进制加法计数器的逻辑图。JK 触发器的输入端 J、K 均接高电平（图中为简单起见，J、K 悬空为 1），计数脉冲作最低位触发器 F_0 的时钟脉冲，低位触发器的输出端依次接到相邻高位触发器的时钟端。

由图 4.3-1 可知，在计数之前，各触发器的置 0 端 $\overline{R_D}$ 加一负脉冲进行清零，则输出 $Q_2 Q_1 Q_0 = 000$，清零后应使 $\overline{R_D} = 1$，才能正常计数。

（2）工作过程。电路工作时每输入一个计数脉冲，FF_0 的状态翻转计数一次，其他高位触发器是在其相邻的低位触发器的输出从 1 态变为 0 态时进行翻转计数的。所以当第一个 CP 脉冲作用后，计数器输出状态 $Q_2 Q_1 Q_0 = 001$；当第二个 CP 脉冲作用后，计数器输出状态 $Q_2 Q_1 Q_0 = 010$；以此类推，当第七个 CP 脉冲作用后，计数器输出状态 $Q_2 Q_1 Q_0 = 111$。

由此可以画出三位异步二进制加法计数器的波形图，如图 4.3-2 所示。

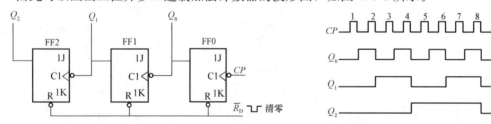

图 4.3-1   异步二进制加法计数器   图4.3-2   三位异步二进制加法计数器波形图

三位异步二进制加法计数的状态转换表，见表 4.3-1。

表 4.3-1 　　　　　　　　　　三位异步二进制加法计数器状态转换表

CP 顺序	电路状态			等效十进制数
	Q_2	Q_1	Q_0	
0	0	0	0	0
1	0	0	1	1
2	0	1	0	2
3	0	1	1	3
4	1	0	0	4
5	1	0	1	5
6	1	1	0	6
7	1	1	1	7
8	0	0	0	0

2. 同步二进制加法计数器

异步计数器电路较为简单，但由于它的进位（或借位）信号是逐级传送的，因而使计数器速度受到限制，工作频率不能太高。而同步计数器时钟脉冲同时触发计数器中的全部触发器，各个触发器的翻转与时钟脉冲同步，所以工作速度较快，工作频率较高。

（1）电路组成。图 4.3-3 所示为四位二进制加法计数器的逻辑图，它由四个 JK 触发器构成的 T 触发器组成，所有触发器的时钟控制端均由计数脉冲 CP 输入，CO 为进位端。

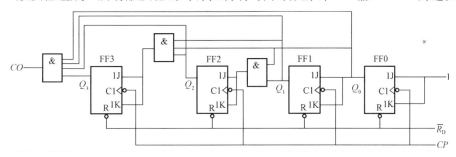

图 4.3-3　四位二进制加法计数器

（2）工作过程。依次设定电路现态 $Q_3^n Q_2^n Q_1^n Q_0^n$，即可得到相应的次态 $Q_3^{n+1} Q_2^{n+1} Q_1^{n+1}$ Q_0^{n+1} 和进位 CO，分析结果见表 4.3-2。

表 4.3-2 　　　　　　　　　　四位二进制加法计数器状态转换表

CP 顺序	现　态				次　态				进位
	Q_3^n	Q_2^n	Q_1^n	Q_0^n	Q_3^{n+1}	Q_2^{n+1}	Q_1^{n+1}	Q_0^{n+1}	CO
1	0	0	0	0	0	0	0	1	0
2	0	0	0	1	0	0	1	0	0
3	0	0	1	0	0	0	1	1	0

续表

CP顺序	现 态				次 态				进位
	Q_3^n	Q_2^n	Q_1^n	Q_0^n	Q_3^{n+1}	Q_2^{n+1}	Q_1^{n+1}	Q_0^{n+1}	CO
4	0	0	1	1	0	1	0	0	0
5	0	1	0	0	0	1	0	1	0
6	0	1	0	1	0	1	1	0	0
7	0	1	1	0	0	1	1	1	0
8	0	1	1	1	1	0	0	0	0
9	1	0	0	0	1	0	0	1	0
10	1	0	0	1	1	0	1	0	0
11	1	0	1	0	1	0	1	1	0
12	1	0	1	1	1	1	0	0	0
13	1	1	0	0	1	1	0	1	0
14	1	1	0	1	1	1	1	0	0
15	1	1	1	0	1	1	1	1	0
16	1	1	1	1	0	0	0	0	1

由表 4.3-2 分析可知，计数器出 0000→0001→…→1110→1111 遂次递增。

想一想

异步二进制加法计数器和同步二进制加法计数器有什么不同？

4.3.2　十进制加法计数器

日常生活中人们使用的是十进制计数，而不是二进制计数，因此在数字系统中还经常需要把二进制计数转换成具有十进制计数功能的计数器，它是按二-十进制编码（如 8421BCD 码）进行计数的。

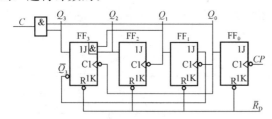

图 4.3-4　异步十进制加法计数器

1. 电路组成

图 4.3-4 所示是一种异步十进制加法计数器，它是由四位二进制加法计数器修改而成的，由四个 JK 触发器和一个与门组成，CP 是输入计数器脉冲，C 是向高位的进位。该电路具有自启动和向高位计数器进位的功能。

2. 工作过程

依次设定原状态为 0000～1111 的十六种状态组合，代入状态方程和输出方程进行计算，结果见表 4.3-3。

表 4.3-3　　　　　　　　　　　异步十进制计数器状态转换表

CP 顺序	现　态				次　态				输　出
	Q_3^n	Q_2^n	Q_1^n	Q_0^n	Q_3^{n+1}	Q_2^{n+1}	Q_1^{n+1}	Q_0^{n+1}	C
1	0	0	0	0	0	0	0	1	0
2	0	0	0	1	0	0	1	0	0
3	0	0	1	0	0	0	1	1	0
4	0	0	1	1	0	1	0	0	0
5	0	1	0	0	0	1	0	1	0
6	0	1	0	1	0	1	1	0	0
7	0	1	1	0	0	1	1	1	0
8	0	1	1	1	1	0	0	0	0
9	1	0	0	0	1	0	0	1	0
10	1	0	0	1	0	0	0	0	1
11	1	0	1	0	1	0	1	1	0
12	1	0	1	1	0	1	0	0	1
13	1	1	0	0	1	1	0	1	0
14	1	1	0	1	0	1	1	0	1
15	1	1	1	0	1	1	1	1	0
16	1	1	1	1	0	0	0	0	1

　　异步十进制加法计数器和异步二进制加法计数器有什么不同？

4.3.3　中规模集成计数器

1. 集成异步计数器

　　集成异步计数器种类很多，常见的有二-五-十进制计数器 74LS290、74LS196；二-八-十六进制计数器 74LS293，74LS197 等，下面介绍一种最典型的集成异步计数器 74LS290。

　　74LS290 为异步二-五-十进制计数器，其外引脚排列和逻辑符号如图 4.3-5 所示，逻辑功能见表 4.3-4。

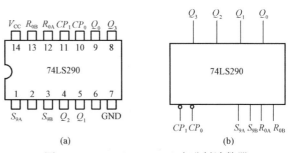

图 4.3-5　74LS290 二-五-十进制计数器

（a）外引脚排列；（b）逻辑符号

表 4.3-4　　　　　　　　　　　　　　　　　74LS290 逻辑功能

输　　入					输　　出				功　能
R_{0A}	R_{0B}	S_{9A}	S_{9B}	CP	Q_3	Q_2	Q_1	Q_0	
1	1	0	×	×	0	0	0	0	清　零
1	1	×	0	×	0	0	0	0	清　零
×	×	1	1	×	1	0	0	1	置　9
×	0	×	0	↓	0000～1001				计　数
0	×	0	×	↓	0000～1001				计　数
0	×	×	0	↓	0000～1001				计　数
×	0	0	×	↓	0000～1001				计　数

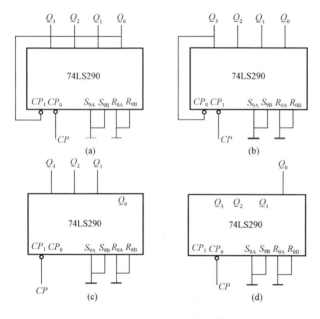

图 4.3-6　74LS290 的基本工作方式

这种电路功能很强，可灵活地组成各种进制计数器。在 CT74LS290 内部有四个触发器，第一个触发器有独立的时钟输入端 CP_0（下降沿有效）和输出端 Q_0，构成二进制计数器，其余三个触发器以五进制方式相连，其时钟输入为 CP_1（下降沿有效），输出端为 Q_1、Q_2、Q_3。其功能如下：

（1）直接置 9 功能。当异步置 9 端 S_{9A} 和 S_{9B} 均为高电平时，不管其他输入端的状态如何，计数器置 9。

（2）清零功能。当 R_{0A}、R_{0B} 均为高电平，只要 S_{9A}、S_{9B} 中有 1 个为低电平时，计数器完成清零功能。

（3）计数功能。当 R_{0A}、R_{0B} 中有一个为低电平以及 S_{9A}、S_{9B} 中有一个为低电平这两个条件同时满足时，即可以进行计数。图 4.3-6 是它的几种基本工作方式：

1）十进制计数。若将 Q_0 与 CP_1 相连，计数脉冲 CP 由 CP_0 输入，先进行二进制计数，再进行五进制计数，即组成标准的 8421 码十进制计数器，如图 4.3-6（a）所示；若把 CP_0 和 Q_3 相连，计数脉冲由 CP_1 输入，先进行五进制计数，再进行二进制计数，即可构成 5421 码十进制计数器，如图 4.3-6（b）所示。

2）五进制计数。若将计数脉冲由 CP_1 输入，Q_1、Q_2、Q_3 输出，即组成五进制计数器，如图 4.3-6（c）所示。

3）二进制计数。若将计数脉冲由 CP_0 输入，Q_0 输出，即组成二进制计数器，如图 4.3-6（d）所示。

2. 集成同步计数器

中规模集成同步计数器类型很多，一般通用中规模集成同步计数器设有更多的附加功能，使用也更为方便，下面具体介绍 74LS163 集成同步计数器。

74LS163 是四位二进制同步计数器，具有同步清零、同步置数、计数等功能。其外引脚排列及逻辑符号如图 4.3-7 所示。其逻辑功能如表 4.3-5。

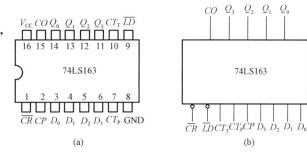

图 4.3-7 74LS163 四位二进制同步计数器

(a) 外引脚排列；(b) 逻辑符号

表 4.3-5 74LS163 逻辑功能

输入									输出				功能
清零	使能		置数	时钟	并行输入					输出			
$\overline{CR}$	CT_P	CT_T	$\overline{LD}$	CP	D_3	D_2	D_1	D_0	Q_3	Q_2	Q_1	Q_0	
0	$\times$	$\times$	$\times$	↑	$\times$	$\times$	$\times$	$\times$	0	0	0	0	清零
1	$\times$	$\times$	0	↑	D_3	D_2	D_1	D_0	D_3	D_2	D_1	D_0	置数
1	1	1	1	↑	$\times$	$\times$	$\times$	$\times$	0000～1111				计数
1	0	$\times$	1	↑	$\times$	$\times$	$\times$	$\times$					保持
1	$\times$	0	1	$\times$	$\times$	$\times$	$\times$	$\times$					保持

从逻辑符号和功能可知，该计数器的输入信号有清零信号 $\overline{CR}$，使能信号 CT_P、CT_T，置数信号 $\overline{LD}$，时钟输入 CP，数据输入 $D_0\sim D_3$，输出信号有数据输出 $Q_0\sim Q_3$，进位输出 CO。其功能如下：

(1) 清零。当 $\overline{CR}=0$ 且有 CP 上升沿时，不管其他控制信号如何，计数器清零。

(2) 置数。当 $\overline{CR}=1$，$\overline{LD}=0$ 时，输入一个 CP 上升沿，则不管其他控制信号如何，计数器置数，即 $Q_3Q_2Q_1Q_0=D_3D_2D_1D_0$。

(3) 计数。当 $\overline{CR}=\overline{LD}=1$，且 $CT_P=CT_T=1$ 时，在 CP 上升沿触发下，计数器进行计数。

(4) 保持。当 $\overline{CR}=\overline{LD}=1$，且 CT_P 和 CT_T 中至少有一个为 0 时，CP 将不起作用，计数器保持原状态不变。

 想一想

集成计数器 74LS290 和 74LS163 有什么不同？

4.3.4 集成计数器逻辑功能测试

中规模集成计数器 74LS163 的功能测试。

(1) 熟悉芯片各引脚的功能。

（2）芯片逻辑功能测试。

1）按图 4.3-8 接线，将 74LS163 引脚输出端 $Q_0 \sim Q_3$ 接状态显示发光二极管，将 $D_3 \sim D_0$ 端接四位数据开关，将置数控制端 $\overline{LD}$、清零端 $\overline{CR}$、使能端 CT_P 和 CT_T 接逻辑开关。

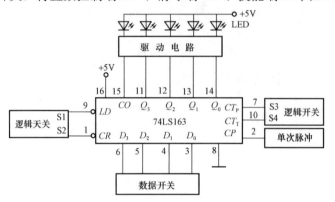

图 4.3-8　芯片测试接线图

2）调节直流稳压电源，是输出电压为 5V。

3）调节脉冲信号发生器，使其产生频率为 1kHz、幅度为 3.8V 的方波信号，将信号接入时钟输入 CP 端。

4）接线完毕，接通电源，依据表 4.3-6 的顺序测试及验证 74LS163 的逻辑功能。

5）将测试结果填入表 4.3-6 中。

表 4.3-6　　　　　　　　　　　74LS163 的功能测试结果记录

状态功能	输			入					输			出	
	$\overline{CR}$	$\overline{LD}$	CT_P	CT_T	CP	D_3	D_2	D_1	D_0	Q_3^{n+1}	Q_2^{n+1}	Q_1^{n+1}	Q_0^{n+1}	CO
清零	0	×	×	×	×	×	×	×	×					
置数	1	0	×	×	↑	d_3	d_2	d_1	d_0					
计数	1	1	1	1	↑	×	×	×	×					
保持	1	1	0	×	×	×	×	×	×					
	1	1	×	0	×	×	×	×	×					

（3）分析和讨论。

1）集成计数器 74LS163 是同步计数器还是异步计数器？

2）它的计数长度是多少？

4.3.5　任意进制计数器

尽管集成计数器的品种很多，但也不可能任一进制的计数器都有其对应的集成产品。实际应用时，可用现有的集成计数器外加适当的电路连接而成。集成计数器可以构成任意进制计数器。

用现有的 M 进制集成计数器构成 N 进制计数器时，如果 $M > N$，只需用一片 M 进制计数器；如果 $M<N$，则要用多片 M 进制计数器。

构成任意进制计数器的方法主要有两种：

1. 反馈归零法

图 4.3-9 是利用异步计数器 74LS290 构成的七进制计数器。图中 74LS290 连成 8421BCD 码十进制工作方式，在计数脉冲作用下，当计数到 0111 状态时，$Q_2Q_1Q_0$ 通过与门反馈使 R_{0B} 为高电平，计数器迅速复位到 0000 状态，接着，R_{0B} 端的清零信号也随之消失，74LS290 重新从 0000 状态开始新的计数周期。显然，在该计数器中，0111 存在的时间很短（通常只有 10ns 左右），所以可以认为实际出现的计数状态只有 0000～0110 七种，故为七进制计数器。这种构成方式叫反馈清零法。

图 4.3-10 是利用同步计数器 74LS163 构成的七进制计数器。图中 74LS163 的使能信号 $CT_P=CT_T=1$，置数信号 $\overline{LD}=1$，计数器处于计数状态。在计数脉冲作用下，74LS163 从 0000 状态开始计数，当计到 0110 状态时，Q_2Q_1 通过与非门反馈到清零信号 $\overline{CR}$，使 $\overline{CR}=0$，计数器迅速复位到 0000 状态。

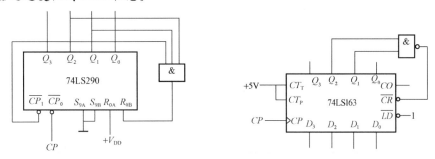

图 4.3-9　用 74LS290 构成的七进制计数器　　图 4.3-10　用 74LS163 构成的七进制计数器

从上两图中可以看出：①异步清零以 $(N)_2$ 作为置 0 的输出代码，同步清零以 $(N-1)_2$ 作为置 0 的输出代码；②清零信号的有效电平为低电平有效时，通过与非门反馈到清零端，清零信号的有效电平为高电平有效时，通过与门反馈到清零端。

图 4.3-11 所示是利用二片 74LS290 构成的六十二进制计数器。其中一片作个位数，一片作十位数，二片均连成 8421 码十进制方式。不难分析，当十位片子出 6、个位片子出 2 时，在下一个计数脉冲下降沿到来后，个、十位计数器均复位到 0，从而完成六十二进制计数的功能。

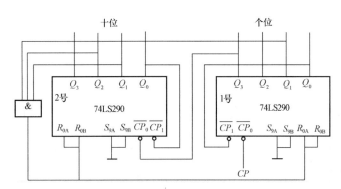

图 4.3-11　74LS290 构成六十二进制计数器

2. 反馈置数法

反馈置数法适用于具有预置数功能的集成计数器。利用具有置数功能的计数器,采用反馈置数法可以方便地构成任意进制计数器。

例如 74LS163 的计数循环共有 16 个状态,去掉其中连续的几个状态,就可以构成 $N=2\sim15$ 的任意进制计数器。图 4.3-12 (a) 电路的计数循环状态为 0000→0001→0010→0011→0100→0101→0110→0111→1000→1001→1010→1011,当计数器计到 1011 状态时,Q_3、Q_1、Q_0 均为 1,经过与非门输出为 0,使置数端 $\overline{LD}=0$,在下一个计数脉冲到来时,将置数输入端 $D_3D_2D_1D_0=0000$ 的数据送入计数器,计数器从 0000 状态又开始计数,一直计到 1011 状态,重复上述过程。

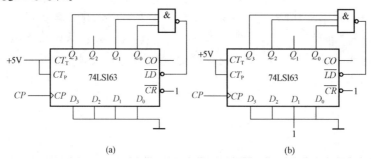

图 4.3-12   74LS163 构成十二进制计数器

图 4.3-12 (b) 电路的计数循环状态为 0010→0011→0100→0101→0110→0111→1000→1001→1010→1011→1100→1101,当计数器计到 1101 状态时,Q_3、Q_2、Q_0 为 1,经过与非门输出为 0,使置数端 $\overline{LD}=0$,在下一个计数脉冲到来时,将置数输入端 $D_3D_2D_1D_0=0010$ 的数据送入计数器,计数器从 0010 状态又开始计数,一直计到 1101 状态,重复上述过程。

> **练一练**
>
> 1. 试用 74LS163 组成六十进制计数器。
> 2. 试用 74LS290 按 8421 码构成 24 进制计数器。

4.3.6 集成计数器的应用

如图 4.3-13 为由 74LS290 与译码显示电路组成的数字钟"秒针"计数、译码、显示电路。通常数字钟需要一个精确的时钟信号,一般采用石英晶体振荡器产生,经分频后得到每秒一个脉冲的信号。

从图中可以看出,两片 74LS290 构成六十进制计数器,由石英晶体振荡器产生的每秒一个脉冲信号送到低位计数器,低位计数器连成 8421BCD 码十进制数,每秒加 1 计数,计满 10 后复位到 0,同时向高位送出一个进位信号,当计数到 59 时,再来一个计数脉冲,二片计数器同时复位到 0,并由高位向"分针"电路输出一个进位信号。译码、显示电路的作用是将计数对应的十进制数进行译码和显示。

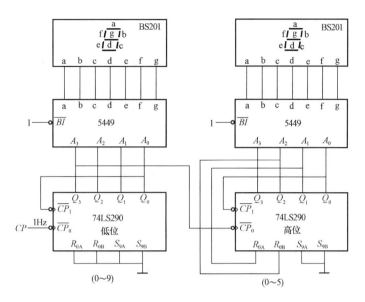

图 4.3-13 数字钟"秒针"计数、译码、显示电路

任务 4.4 时分秒单元电路的安装与测试

4.4.1 任务目标

（1）根据要求设计数字时钟电路中的时、分、秒单元电路。

（2）根据逻辑电路选择所需的元器件，并做简易测试。

（3）根据原理图绘制电路安装连接图。

（4）按照工艺要求正确安装电路。

（5）对安装好的电路进行简单检测与调试。

4.4.2 实施步骤

设计时、分、秒单元电路→画出电路图→绘制布线图→清点元器件→元器件检测→电路安装→通电前检查→通电测试→数据记录。

1. 设计时、分、秒单元电路

（1）60 秒计数单元电路的设计。
时间 60 秒脉冲计数器采用 74LS90 和 74LS08 组成个位十进制和十位六进制的秒计数电路。

要组成十进制计数器要把 Q_0 与 CP_1 相连，计数脉冲 CP 由 CP_0 输入，组成标准的 8421 码十进制计数器，60 秒脉冲计数器的原理参考图如图 4.4-1 所示。

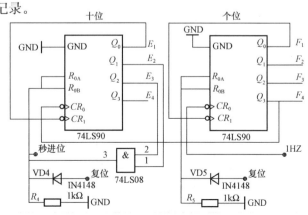

图 4.4-1 60 秒脉冲计数器原理参考图

采用反馈清零法,个位向十位进位的条件就是个位在计数到 9 的时候向十位产生一个下跳沿来触发 74LS90 计数器 CP_0 计数,Q_3 端在 9 以后由高电平变为低电平,实现进位功能。十位构成六进制计数器,只有当十位芯片 Q_2 和 Q_1 同时为高电平时,表示已经到达 59 秒了,再来一个脉冲则向分个位发出秒进位信号。这时借助一个与非门 74LS08 来实现十位的六进制进位,送到下一级分计时电路,同时也将计数器清零。清零的条件可由 74LS90 功能表来设置,这里当 R_{0A}、R_{0B} 同时为高电平时计数器清零。

电路中加入了上电复位清零和秒调整电路,使得应用较为方便地设置秒的时间。图中二极管是隔离每个复位电路的复位端,电阻是为了在没有复位清零信号时把电位拉低,保证计数器正常计数工作。

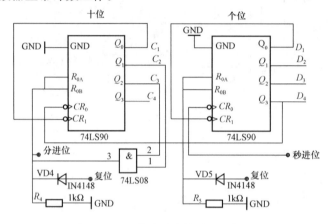

图 4.4-2　60 分脉冲计数器原理参考图

(2) 60 分计数单元电路的设计。时间 60min 的计数原理与时间秒的计数原理是一样的。不同的是 60min 计时电路的输入是秒电路送出的进位信号,当计到 59 分 59 秒时,在下一个时钟脉冲下降沿到来时,向时计数电路发出进位信号。60 分脉冲计数器原理参考图如图 4.4-2 所示。

(3) 24 小时计数单元电路的设计。时间 24 小时的计数单元电路原理与 60 分计数单元电路一样。在电路上的差别就是根据进制的不同来控制复位清零。当十位的数值不超过 2 时,个位的计数器按十进制计数;当十位的数值为 2,个位计数到 3,在下一个脉冲到来时组成复位清零信号,使电路清零,完成 24 小时制的时间计数。24 小时脉冲计数器原理参考图如图 4.4-3 所示。

2. 74LS90 与 74LS08 芯片的识别

(1) 74LS90 芯片的识别。74LS90 是异步二-五-十进制加法计数器,其逻辑功能与本书 4.3.3 中介绍的 74LS290 基本相同,也具有选通的零复位和置 9 功能。引脚排列图如图 4.4-4 所示。其逻辑功能见表 4.4-1。

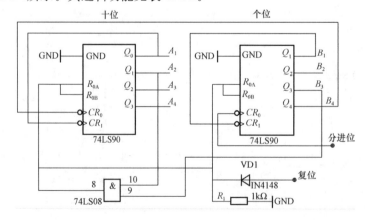

图 4.4-3　24 小时脉冲计数器原理参考图

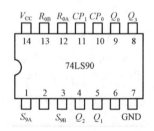

图 4.4-4　74LS90 引脚排列图

表 4.4-1　　　　　　　　　　　　　　　　74LS90 逻辑功能表

输入				输出				功能
R_0（1）	R_0（2）	S_9（1）	S_9（2）	Q_D	Q_C	Q_B	Q_A	
1	1	0	×	0	0	0	0	清 0
1	1	×	0					
0	×	1	1	1	0	0	1	置 9
×	0	1	1					
×	0	×	0	0000～1001				计数
0	×	0	×					
0	×	×	0					
×	0	0	×					

（2）74LS08 芯片的识别。图 4.4-5 为 74LS08 的引脚排列
图，其内部集成了四个二输入"与"门电路。

3. 元器件的检测

为了保证电路功能正常实现，安装前必须要先进行元器件的
清点和检测，请根据所学知识按照表 4.4-2 对所有元器件进行检
测。并将检测结果填入表中。

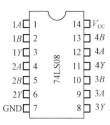

图 4.4-5　74LS08 引脚排列图

表 4.4-2　　　　　　　　　　　　元器件清单检测表

符号	名　　称	规格	检测结果	符号	名称	规格	检测结果
VD1～VD5	二极管	IN4148		U1、U2	十进制异步计数器	74LS90	
R_1～R_5	电阻	1kΩ		U3	四 2 输入与门	74LS08	

4. 时、分、秒单元电路的组装

（1）60 秒计数单元电路。秒计数单元电路实物接线参考图如图 4.4-6 所示，印制电路
板布线参考图如图 4.4-7 所示。

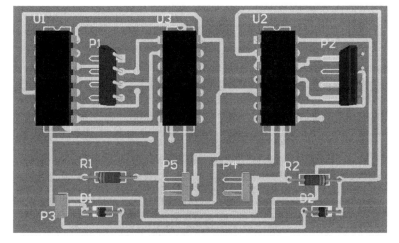

图 4.4-6　秒计数单元电路实物接线参考图

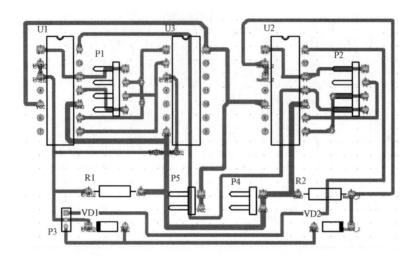

图 4.4-7　秒计数单元电路印制电路板布线参考图

（2）60 分计数单元电路。分计数单元电路实物接线参考图 4.4-8 所示，印制电路板布线参考图如图 4.4-9 所示。

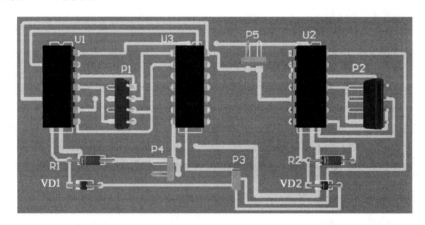

图 4.4-8　分计数单元电路实物接线参考图

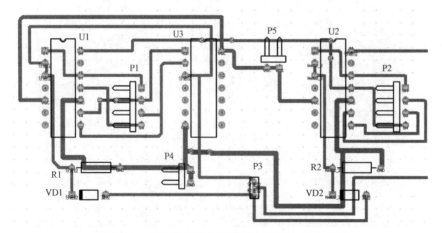

图 4.4-9　分计数单元电路印制电路板布线参考图

（3）24 小时计数单元电路。24 小时计数单元电路实物接线参考图 4.4-10 所示，印制电路板布线参考图如图 4.4-11 所示。

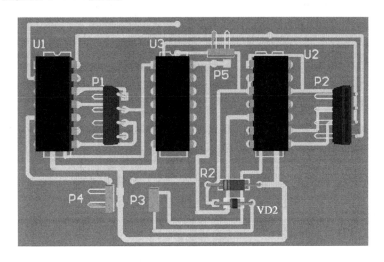

图 4.4-10　小时计数单元电路实物接线参考图

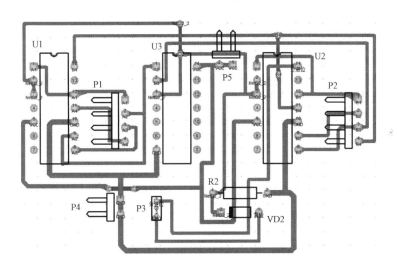

图 4.4-11　小时计数单元电路印制电路板布线参考图

将经过、处理过的元器件进行插接，插接顺序按先集成后分立，先主后次进行元器件的安放。插装时各元器件均不能插错，特别要注意有极性的元器件不能插反。焊接顺序及安装工艺见表 4.4-3。

表 4.4-3　　　　　　　　　　　　焊接顺序及安装工艺表

焊接顺序	符号	元器件名称	安装工艺要求
1	$R_1 \sim R_5$	色环电阻	（1）水平卧式安装，色环朝向一致 （2）电阻体贴紧电路板（1mm 以内） （3）剪脚留头（1mm 以内）

焊接顺序	符号	元器件名称	安装工艺要求
2	VD1～VD5	二极管	(1) 注意正负极方向 (2) 与外壳结合决定安装高度 (3) 剪脚留头（1mm 以内）
3		集成块底座	(1) 安装时插座的缺口要与电路布线图一致 (2) 直立安装，一般离电路板 1mm (3) 焊接完成后用万用表测量焊点与插座是否连接完好

5. 电路调试

（1）接通电源后，从信号发生器输入秒脉冲信号到时间 60 秒计数电路，检查电路是否正常进行 60 进制，如果不行，则需检查清零信号 74LS08 是否正常。

（2）按同样方法检查 60 分计数电路和 24 小时计数电路的计数器工作情况。

4.4.3　问题讨论

（1）分析 74LS90 集成计数器的逻辑功能。

（2）完成时、分、秒计数电路整体连接原理图。

4.4.4　技能评价

1. 自我评价（40 分）

首先由学生根据实训任务完成情况进行自我评价，评分值填入表 4.4-4 中。

表 4.4-4　　　　　　　　　　　自我评价表

项目内容	配分	评分标准	扣分	得分
1. 选配元器件	10 分	(1) 能正确选配元器件，选配出现一个错误扣 1～2 分 (2) 能正确测量普通二极管及其电阻值，出现一个错误扣 1～2 分		
2. 安装工艺与焊接质量	30 分	安装工艺与焊接质量不符合要求，每处可酌情扣 1～3 分，例如 (1) 元器件成形不符合要求 (2) 元器件排列与接线的走向错误或明显不合理 (3) 导线连接质量差，没有紧贴电路板 (4) 焊接质量差，出现虚焊、漏焊、搭锡等		
3. 电路调试	20 分	(1) 电路一次通电调试成功，得满分 (2) 如在通电调试时发现元器件安装或接线错误，每处扣 3 分		
4. 电路测试	20 分	(1) 能正确使用万用表测量电压，且记录完整，可得满分 (2) 否则每项酌情扣 2～5 分		
5. 安全、文明操作	20 分	(1) 违反操作规程，产生不安全因素，可酌情扣 7～10 分 (2) 着装不规范，可酌情扣 3～5 分 (3) 迟到、早退、工作场地不清洁，每次扣 5～10 分		
总评分＝(1～5 项总分)×40%				

签名：_____　___年___月___日

2. 小组评价（30分）

再由同一实训小组的同学结合自评的情况进行互评，将评分值填入表4.4-5中。

表4.4-5 小组评价表

项目内容	配分	评分
1. 实训记录与自我评价情况	20分	
2. 对实训室规章制度的学习与掌握情况	20分	
3. 相互帮助与协作能力	20分	
4. 安全、质量意识与责任心	20分	
5. 能否主动参与整理工具、器材与清洁场地	20分	
总评分＝（1～5项总分）×30％		

参加评价人员签名：＿＿＿＿＿＿＿＿ ＿＿年＿＿月＿＿日

3. 教师评价（30分）

最后，由指导教师结合自评与互评的结果进行综合评价，并将评价意见与评分值填入表4.4-6中。

表4.4-6 教师评价表

教师总体评价意见：	
教师评分（30分）	
总评分＝自我评分＋小组评分＋教师评分	

教师签名：＿＿＿＿＿＿ ＿＿年＿＿月＿＿日

单 元 小 结

（1）时序电路具有任何时刻输出不仅和当时输入信号有关，而且还和电路原来所处的状态有关的特点。从电路的组成上来看，时序逻辑电路一定含有存储电路（触发器）。

（2）数码寄存器是用触发器的两个稳定状态来存储0、1数据，一般具有清零、存数、输出等功能。可以用基本RS触发器，配合一些控制电路或用D触发器来组成数码寄存器。

移位寄存器除上述功能外，还有移位功能。由于移位寄存器中的触发器一定不能存在空翻现象，所以只能用主从结构的或边沿触发的触发器组成。移位寄存器还可实现数据的串行一并行转换、数据处理等。

（3）计数器是一种非常典型、应用很广的时序电路，计数器不仅能统计输入时钟脉冲的个数，还能用于分频、定时、产生节拍脉冲等。计数器类型很多，按计数器脉冲的引入方式可分为同步计数器和异步计数器；按计数体制可分为二进制计数器、二-十进制计数器和任意进制计数器；按计数器中数字的变化规律可分为加法计数器、减法计数器等。

（4）对各种集成寄存器和计数器，应重点掌握它们的逻辑功能和实际应用。现在已生产出的集成时序逻辑电路品种很多，可实现的逻辑功能也较强，应在熟悉其功能的基础上加以充分利用。

（5）单个集成计数器的计数范围有限，实际应用中，可根据需要将多块集成计数器连接起来，扩大计数器的计数范围。

自 我 检 测 题

4.1 填空题

1. 时序电路是由_____和_____两部分组成。

2. 寄存器按其功能可分为_____和_____两种。

3. 计数器按 CP 控制触发方式不同可分为_____计数器和_____计数器。

4. 计数器按照计数长度，分为_____进制计数器、_____进制计数器和_____进制计数器。

5. 构成任意进制的计数器的常用方法有_____和_____两种。

4.2 选择题

1. 下列电路中不属于时序电路的是（   ）。

A. 同步计数器   B. 异步计数器

C. 组合逻辑电路   D. 数据寄存器

2. 在数字电路需要暂时保存 4 位 BCD 码数据，可以选用（   ）电路实现。

A. 计数器   B. 编码器   C. 译码器   D. 寄存器

3. 在相同的时钟脉冲作用下，同步计数器与异步计数器比较，其工作速度（   ）。

A. 较快   B. 较慢   C. 一样   D. 不确定

4. 74LS290 计数器的计数工作方式有（   ）种。

A. 1   B. 2   C. 3   D. 4

5. 74163 计数器在计数到（   ）个时钟脉冲时，CO 端输出进位脉冲。

A. 2   B. 8   C. 10   D. 16

4.3 判断题（对者打√，错的打×）

1. 由逻辑门电路和 JK 触发器可构成数据寄存器。（   ）

2. 寄存器的功能是统计输入脉冲的个数。（   ）

3. 用 4 个触发器可以构成四位十进制计数器。（   ）

4. 集成计数器 74LS163 是异步四位二进制加法计数器。（   ）

5. 由 3 个触发器组成的二进制加法计数器，计数器最大的模为 10。（   ）

4.4 综合题

1. 分析图 T4-1 所示电路的逻辑功能。

2. 试用 74163 组成八进制计数器，画出连线图。

3. 试用 74290 按 8421 码构成九进制计数器，画出连线图。

4. 在某个计数器输出端观察到的波形如图 T4-2 所示，试确定计数器的模。

5. 用 74LS290 构成的计数器如图 T4-3 所示，试分析它是几进制计数器。

6. 用 74163 构成的计数器如图 T4-4 所示，试分析它是几进制计数器。

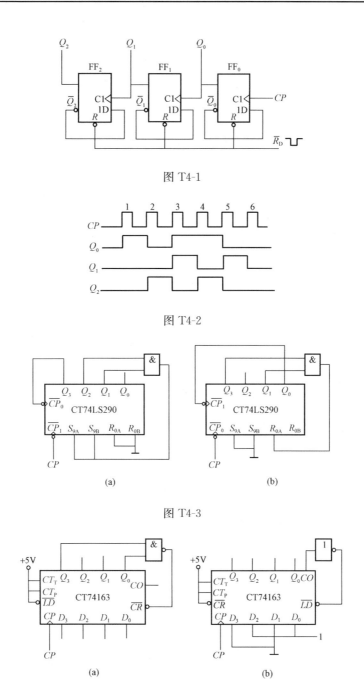

图 T4-1

图 T4-2

图 T4-3

图 T4-4

7. 请在电子电路网（http：//www.cndzz.com）等网站上查阅常用寄存器、计数器的资料及相关信息。

项目 5　时基电路的安装与调试

学习目标

📖 应知

(1) 了解脉冲波形的主要参数及常见脉冲波形。

(2) 理解多谐振荡器、单稳态触发器和施密特触发器的工作特点和基本功能。

(3) 熟悉集成 555 定时器的结构、功能。

(4) 掌握用集成 555 定时器构成单稳态触发器、施密特触发器和多谐振荡器的方法。

(5) 了解集成 555 定时器的应用。

📖 应会

(1) 学会用示波器观测多谐振荡器的振荡波形、用频率计测试振荡频率。

(2) 会使用集成 555 定时器搭接单稳态触发器、施密特触发器和多谐振荡器。

(3) 学会安装、测试和调整集成 555 定时器构成的典型应用电路。

(4) 学会安装和调试数字时钟电路中的秒脉冲产生电路。

📖 引言

在数字系统中，经常用到各种频率、宽度和幅度的矩形脉冲信号，为了对数字信号进行各种处理，还必须有合适的辅助脉冲波，如前面学过的触发器需要的时钟脉冲、计数器需要的计数脉冲等。产生这些脉冲的方法主要有两种：一种是利用各种形式的多谐振荡器直接产生；另一种是通过整形电路将其他波形变换成所需的矩形脉冲波形。本单元描述了脉冲波形的产生，以及如何实现数字时钟中的秒计数脉冲信号。

任务 5.1　555 定时器

5.1.1　概述

定时器也称为时基电路，555 定时器是一种功能强，使用灵活，应用范围广泛的集成块，通常只要外接少量的元件就可很方便地构成单稳态触发器、施密特触发器和多谐振荡器等。它被广泛用于电子控制、电子检测、仪器仪表、家用电器、音响报警、电子玩具等诸多方面。

定时器可分为单定时器和双定时器两种，双定时器就是在一块半导体芯片上集成有两个单定时器。无论是单定时器还是双定时器，都有双极型和单极型两种。目前各国生产的双极型单定时器都以 555 作为型号的主干，双极型双定时器则以 556 作为型号主干，如国产的有CB556、FD556 等。单极型单定时器的型号主干为 7555，如国产有 5G7555、CB7555、CH7555 等，而单极型双定时器型号主干为 7556，如 5G7556、ICM7556 等。

555 定时器的封装外形图一般有两种：一种是 8 脚圆形封装，如图 5.1-1 (a) 所示；另一种是 8 脚双列直插式封装,如图 5.1-1 (b) 所示。556 双定时器则采用双列直插式 14 脚封装。

双定时器是由单定时器组成的,无论是双极型定时器还是单极型定时器,其内部电路组成结构和原理都是相同的。下面以定时器 555 为例介绍其工作原理及应用。

5.1.2　555 定时器的组成及引脚功能

1. 电路组成

图 5.1-2 所示为 555 定时器的内部原理框图。电路由以下四个部分组成。

(1) 基准电压电路。基准电压电路由三个等效电阻 R 串接成分压器,为比较器 A_1、A_2 提供基准参考电压 V_{REF1}、V_{REF2}。为讨论方便起见,令 $V_{SS}=0$,即 1 脚接地,经 R 分压使得 A_1 的反相输入端电压 $V_{REF1}=V_-=2/3V_{CC}$,A_2 的同相输入端电压 $V_{REF2}=V_+=1/3V_{CC}$。

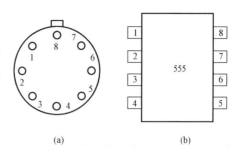

图 5.1-1　555 定时器的封装
(a) 8 脚圆形型;(b) 8 脚双列直插型
1—地;2—触发输入;3—输出;
4—复位;5—控制电压;6—阈值
输入;7—放电;8—电源

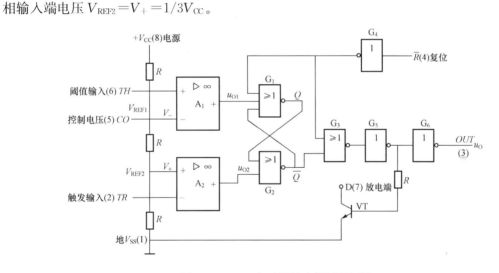

图 5.1-2　555 定时器的内部原理框图

(2) 电压比较器 A_1、A_2。A_1、A_2 是两个结构完全相同的高精度电压比较器。

当 $V_+>V_-$ 时,比较器输出高电平;当 $V_+<V_-$ 时,比较器输出低电平。

(3) 基本 RS 触发器。或非门 G_1、G_2 构成一个基本 RS 触发器,电压比较器 A_1、A_2 的输出电压 u_{o1}、u_{o2} 是基本 RS 触发器的输入信号,u_{o1}、u_{o2} 状态的改变,决定着触发器输出端 Q、$\overline{Q}$ 的状态。

当在强制复位端 $\overline{R}$ 加低电平时,基本 RS 触发器被置 0,G_3 输出为高电平,G_4 输出为低电平,G_5 输出为高电平,G_6 输出为低电平,即复位,此时无论 RS 触发器输入电平如何,均不能改变复位状态,即实现优先复位。在正常工作时,应将 $\overline{R}$ 接高电平。

(4) 放电管 VT 及输出缓冲器。晶体管 VT 是一个放电开关管,为外接电容提供放电回路。反相器 G_5 作输出缓冲器,起整形和提高带负载能力的作用。

2. 引脚功能

图 5.1-1（b）为 555 定时器的外引脚排列，各引脚的功能见表 5.1-1。

表 5.1-1   555 定时器的外引脚及功能

类别	引脚	符号	名称	功能
输入端	2	$\overline{TR}$	触发端	该引脚输入电压<$1/3V_{CC}$时，第 3 脚输出高电平，即 $OUT=1$
	6	TH	阈值输入端	该引脚输入电压>$2/3V_{CC}$，第 3 脚输出为低电平，即 $OUT=0$
	4	$\overline{R}$	复位端	该引脚输入低电平时，第 3 脚输出为低电平，即 $OUT=0$
	5	CO	控制电压端	CO 另加控制电压，可以改变阈值和触发端的比较电平，不使用时，一般都通过一个 $0.01\mu F$ 电容器接地
输出端	3	OUT	输出端	最大输出电流达 200mA，可与 TTL、MOS 逻辑电路或模拟电路配合使用
	7	DIS	放电端	输出逻辑状态与第 3 脚相同，输出高电平时 VT 截止；输出低电平时 VT 导通
电源	8	V_{CC}（V_{DD})	电源正端	电源电压在 5~16V 范围内均可正常工作
	1	V_{SS}（GND)	电源负端	

5.1.3 555 定时器逻辑功能

555 定时器的逻辑功能见表 5.1-2。

表 5.1-2   555 定时器功能表

TH		$\overline{TR}$		$\overline{R}$	OUT	放电管 VT
×		×		0	0	导通
>$2/3V_{CC}$	1	>$1/3V_{CC}$	1	1	0	导通
<$2/3V_{CC}$	0	>$1/3V_{CC}$	1	1	保持原状态	不变
<$2/3V_{CC}$	0	<$1/3V_{CC}$	0	1	1	截止

为了便于记忆上述功能，我们把 TH 输入端电压大于 $\frac{2}{3}V_{CC}$ 作为 1 状态，小于 $\frac{2}{3}$ V_{CC} 看作 0 状态；而把 $\overline{TR}$ 输入端电压大于 $\frac{1}{3}$ V_{CC} 作为 1 状态，小于 $\frac{1}{3}$ V_{CC} 看作 0 状态。这样在 $\overline{R}$ =1 时，555 定时器的输入 TH、$\overline{TR}$ 与输出 OUT 之间的状态关系可以归纳为：1、1 出 0；0、0 出 1；0、1 不变。

值得注意的是，当 $TH>\frac{2}{3}V_{CC}$、$\overline{TR}<\frac{1}{3}V_{CC}$ 时，电路的工作状态不确定，所以在实际工作中要避免使用。

555 定时器由哪几部分组成？各引脚的功能是什么？

任务 5.2 555 定时器的应用

5.2.1 用 555 构成单稳态触发器

单稳态触发器的工作特点如下：

（1）有一个稳态和一个暂稳态。因为只有一个稳定工作状态，故称为单稳态。

（2）在外加触发脉冲信号作用下能从稳态翻转到暂稳态。

（3）暂稳态持续一段时间后，电路能自动返回稳态。

1. 电路组成

由 555 定时器构成的单稳态触发器如图 5.2-1 （a）所示。图中 RC 为外接定时元件，u_i 为触发脉冲，电压控制端 U_{CO} 不用，外加 $0.01\mu\text{F}$ 电容到地，以旁路干扰信号。

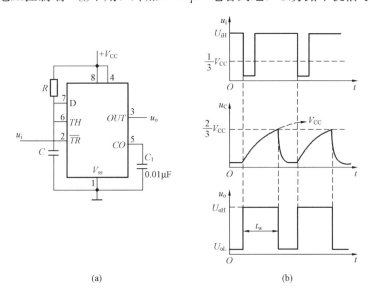

图 5.2-1 555 定时器构成的单稳态触发器

（a）电路图；（b）工作波形

2. 工作过程

（1）稳态。接通电源 V_{CC} 后，$\overline{TR}$ 端无触发信号（即 $u_i = U_{iH}$ 为高电平），电路有一个逐渐稳定的过程，即 V_{CC} 一接通，就通过 R 对 C 充电，当 C 两端电压 $u_C = U_{TH}$ 上升到 $2/3V_{CC}$ 时，u_0 输出为低电平。放电管 VT 导通，C 经 VT 放电，直至放电完毕，$u_C = 0$，电路进入稳态，输出为低电平。

（2）触发翻转为暂稳态。加触发脉冲 u_i，当 u_i 下跳使 $U_{\overline{TR}} < 1/3V_{CC}$ 时，输出为高电平。放电管 VT 截止，电路由稳态触发翻转到了暂稳态。

（3）自动返回稳态。在暂稳态过程中 C 充电，当 u_C 上升到 $2/3V_{CC}$ 时（在此之前 u_i 已恢复为高电平），输出为低电平。放电管 VT 又导通，C 又放电至零。电路由暂稳态自动返回稳态，输出为低电平。

到下一个触发脉冲到来时，电路重复上述过程，单稳态触发器的工作波形如图 5.2-1（b）所示。

3. 输出脉冲宽度 t_w

输出脉冲宽度是指暂稳态持续的时间，$t_w \approx 1.1RC$。

4. 集成单稳态触发器

单稳态触发器的应用广泛，目前已有许多集成单稳态触发器件，这些器件功能齐全，性能稳定，使用方便。集成单稳态触发器分为不可重复触发单稳态触发器和可重复触发单稳态触发器两类。常见的集成单稳态触发器有 TTL 集成电路的 74LS121、74LS122、74LS123 以及 CMOS 集成电路的 CC14528 等。下面以 74LS121 为例介绍集成单稳态触发器逻辑功能和工作原理。

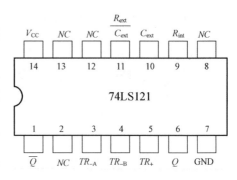

图 5.2-2　74LS121 的引脚排列图

（1）74LS121 的引脚排列图。图 5.2-2 所示为 74LS121 的引脚排列图。芯片内含一个不可重复触发单稳态触发器。

TR_+ 为上升沿有效的触发输入端，TR_{-A} 和 TR_{-B} 为下降沿有效的触发输入端。

Q 和 $\overline{Q}$ 是两个状态互补的输出端。

C_{ext}、R_{ext}/C_{ent} 端是外接定时电阻和电容的连接端。

R_{int} 是内部 $2k\Omega$ 定时电阻的引出端。

NC 为空脚，V_{CC} 为电源端，GND 为接地端。

（2）74LS121 的逻辑功能。表 5.2-1 是集成单稳态触发器 74LS121 的功能表。

表 5.2-1　　　　　　　　　集成单稳态触发器 74LS121 功能表

触发输入			输出		说明
TR_{-A}	TR_{-B}	TR_+	Q	$\overline{Q}$	
0	×	1	0	1	稳态
×	0	1	0	1	
×	×	0	0	1	
1	1	×	0	1	
1	⎍	1	⎍	⎍	下降沿触发翻转状态
⎍	1	1	⎍	⎍	
⎍	⎍	1	⎍	⎍	
0	×	⎍	⎍	⎍	上升沿触发翻转状态
×	0	⎍	⎍	⎍	

1）禁止触发状态：当 TR_+ 为高电平，TR_{-A} 和 TR_{-B} 中有一个输入为低电平（或全为低

电平）时，电路为禁止触发状态（即稳定状态），Q 端维持为低电平；当 TR_+ 为低电平时，电路为禁止触发状态，Q 端维持为低电平；当 TR_{-A} 和 TR_{-B} 全部输入为高电平时，电路为禁止触发状态，Q 端维持为低电平。

2）单稳态触发：当 TR_+ 为高电平，TR_{-A} 和 TR_{-B} 中有一个或两个产生由 1 到 0 的负跳变时，Q 端有正脉冲输出；当 TR_{-A} 和 TR_{-B} 中有一个或两个产生为低电平，TR_+ 产生由 0 到 1 的正跳变时，Q 端有正脉冲输出。

5. 单稳态触发器应用实例

在数字系统电路中，单稳态触发器常用于脉冲整形、脉冲展宽、脉冲定时和去干扰等方面。

（1）脉冲整形。由于不可重复触发单稳态触发器的输出脉冲宽度主要取决于外接定时元件 R 和 C，若将不符合要求的脉冲作为单稳态触发器的输入触发脉冲，则可输出边沿很好且宽度和幅度都符合要求的矩形脉冲。

（2）脉冲展宽。若输入信号脉冲较窄时，则可用单稳态触发器展宽。图 5.2-3（a）为用 555 构成的单稳态触发器脉冲展宽电路，图 5.2-3（b）为其工作波形。脉宽 $t_w = 1.1RC$，只要适当选取 R、C 的值，则可得到所需脉宽的输出信号。

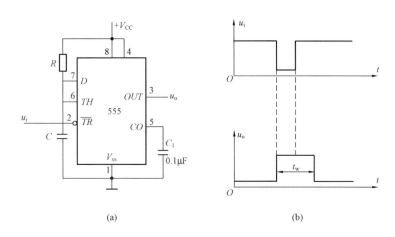

图 5.2-3 555 构成的单稳态触发器脉冲展宽电路
(a) 电路图；(b) 工作波形

? 想一想

　单稳态触发器的主要工作特点是什么？

5.2.2 用 555 构成施密特触发器

施密特触发器的工作特点如下：

（1）具有两个稳定状态，触发器处于哪一种工作状态取决于输入电压的高低，属电平触发。

（2）有两个不同的触发电平，存在回差电压。

（3）可以将缓慢变化的信号变换成矩形脉冲。

1. 电路组成

将 555 定时器的阈值输入端 TH 和触发输入端 $\overline{TR}$ 连接在一起作为触发信号 u_i 的输入端时，便构成了施密特触发器，如图 5.2-4（a）所示。

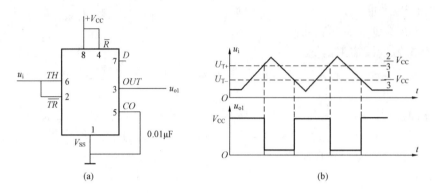

图 5.2-4 555 定时器构成的施密特触发器
（a）电路图；（b）工作波形

2. 工作过程

设 $\overline{TR}$、TH 端的输入触发信号为图 5.2-4（b）所示三角波，3 脚输出为 u_{o1}。

（1）当 $u_i < 1/3V_{CC}$ 时，即 $U_{TH} = U_{TR} < 1/3V_{CC}$ 时，由 555 的功能表可知 3 脚输出为高电平，此时放电管 T 截止。随着 u_i 的上升，只要 $u_i < 2/3V_{CC}$，输出将维持原状态不变，设此状态为电路的第一稳定状态。

（2）当 u_i 上升到 $u_i \geqslant 2/3V_{CC}$ 时，此时 3 脚输出为低电平，电路由第一稳态翻转为第二稳态，与此同时放电管 T 导通。由上述分析可知，施密特触发器存在正向接通电位（又称正向阈值电压）$U_{T+} = 2/3V_{CC}$。

随 u_i 的上升后又下降，但只要 $u_i > 1/3V_{CC}$，电路仍将维持在第二稳态不变。

（3）当 u_i 下降到 $u_i \leqslant 1/3V_{CC}$ 时，电路又翻转到第一稳态，且存在负向断开电位（又称负向阈值电压）$V_{T-} = 1/3V_{CC}$。

若定义 $\Delta U_T = U_{T+} - U_{T-}$ 为施密特触发器的回差电压，则电路的回差电压 $\Delta U_T = U_{T+} - U_{T-} = 2/3V_{CC} - 1/3V_{CC} = 1/3V_{CC}$。

3. 电压传输特性

由以上分析可知，输入信号 u_i 上升和下降到使电路状态发生翻转的阈值电压（触发电平）是不同的，我们称此种现象为滞后电压传输特性，施密特触发器的电压传输特性，如图 5.2-5 所示。两个阈值电压之间的差值也就是回差电压，即 $\Delta U_T = U_{T+} - U_{T-}$。

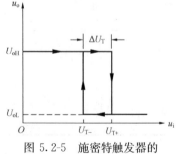

图 5.2-5 施密特触发器的电压传输特性

4. 集成施密特触发器

集成施密特触发器触发阈值电压稳定性能好，应用越来越广泛。常用的集成施密特触发器有 74LS132、CC40106 等。图 5.2-6 是 74LS132 和 CC40106 集成施密特触发器的引脚排列图。

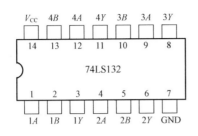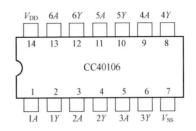

图 5.2-6　74LS132 和 CC40106 引脚排列图

5. 施密特触发器应用实例

在数字电子技术中，施密特触发器常用于波形的整形变换、脉冲幅度鉴别、构成单稳态触发器等。

（1）波形的整形。利用施密特触发器的回差特性，可将边沿较差及不规则的输入信号整形为边沿陡直度较好的矩形脉冲，即使输入信号中有干扰，干扰也会被抑制掉。

设输入信号 u_i 边沿差且顶部有干扰，用施密特触发器整形后，其波形示意图如图 5.2-7 所示。要使整形效果好，应适当地选取 U_{T+}、U_{T-}，使 ΔU_T 较大。

（2）脉冲幅度鉴别。在实际应用中，对于幅度不同的一串脉冲信号，有时需要将幅度大的脉冲鉴别出来，而将幅度较小的脉冲去掉，这时可采用施密特触发器并适当地选择 U_{T+}，从而将幅度大于 U_{T+} 的脉冲选出来，如图 5.2-8 所示。

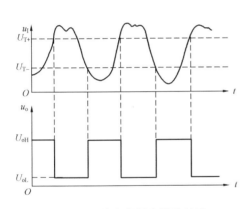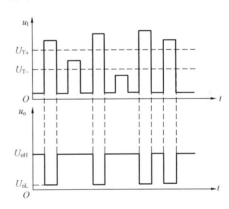

图 5.2-7　施密特触发器的整形　　　　图 5.2-8　施密特触发器用于脉冲幅度鉴别

 想一想

什么是正向阈值电压？什么是负向阈值电压？什么是回差电压？

5.2.3　用 555 构成多谐振荡器

多谐振荡器的工作特点如下：

（1）不需要外加输入触发信号。

（2）无稳态，只有两个暂稳态。

（3）接通电源便能自动输出矩形脉冲。

多谐振荡器的电路形式较多，有 555 定时器构成的多谐振荡器和频率稳定度高的石英多谐振荡器。

1. 电路组成

将 555 定时器的 TH 端和 $\overline{TR}$ 端连在一起再外接电阻 R_1、R_2 和电容 C 使构成了多谐振荡器，如图 5.2-9（a）所示。

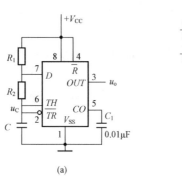
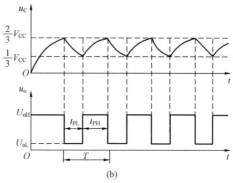

(a)   (b)

图 5.2-9   555 定时器构成的多谐振荡器
（a）电路图；（b）工作波形

2. 工作过程

（1）接通电源时，设电容电压 $u_C = 0$，此时 $\overline{TR}$、TH 端电压均小于 $1/3V_{CC}$，放电管 VT 截止，u_o 输出为高电平，V_{CC} 通过 R_1、R_2 对 C 充电。随着充电的进行，u_C 按指数规律上升。

（2）当 u_C 上升到 $2/3V_{CC}$ 时，放电管 VT 导通，u_o 输出为低电平，电容 C 又经 R_2 和 VT 放电，使 u_C 按指数规律下降，设此为一个暂稳态。

（3）当 u_C 下降到 $1/3V_{CC}$ 时，放电管 VT 截止，u_o 由低电平翻转为高电平，电容 C 又开始充电，回到另一个暂稳态。当电容 C 充电到 $2/3V_{CC}$ 时，又将开始放电。

如此周而复始，在输出端就可得到矩形波。波形如图 5.2-9（b）所示。

3. 多谐振荡器应用实例

（1）60s 定时电路。图 5.2-10 为 60 秒定时电路，用发光二极管 LED 的亮灭，表示定时过程的开始和结束。当按下按钮 S 时，2 脚输入一个小于 $1/3V_{CC}$ 的负脉冲，3 脚输出高电平，发光二极管 LED 亮。此时放电管 VT 截止，电源 V_{CC} 通过 R_1 和 R_P 对电容 C 充电。当电容 C 充电到 $2/3V_{CC}$ 时，电路翻转，3 脚输出低电平，发光二极管 LED 灭，表示定时结束。调节 R_P 可以使电路定时为 60s 一个周期。

（2）间歇音响电路。图 5.2-11 为由两个多谐振荡器组成的间歇音响电路。调节定时元件，使振荡器 A 的频率 f_A 约为 1Hz，振荡器 B 的频率 f_B 约为 1kHz。将低频振荡器 A 的输出端（3）接高频振荡器 B 的直接复位端（4）。当 A 输出低电平时，B 停振；A 输出高电平时，B 起振，

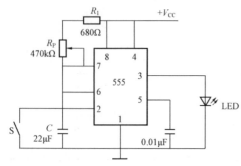

图 5.2-10   60s 定时电路

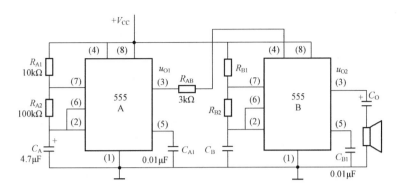

图 5.2-11 间歇音响电路

扬声器发出周期为 $1/f_A$ 的间歇音响,此音响的频率为 f_B。

4. 555 定时器构成的石英晶体多谐振荡器

电子技术的发展对多谐振荡器的频率稳定性要求越来越高,一般的振荡器难以满足高频率稳定度的要求。

采用石英晶体振荡器作为振荡回路的元件,频率稳定度很容易做到 10^{-5},若采取一些稳频措施,频率稳定度还可以提高,可以达到 $10^{-10} \sim 10^{-11}$ 数量级。石英晶体振荡器的特点是品质因素 Q 高,频率稳定度高。家用电子钟表中,几乎都采用石英晶体振荡器,它的应用非常广泛。

图 5.2-12 为用 555 定时器构成的石英晶体多谐振荡器,图中,若将 A、B 两点短接或夹接一小电阻,则构成多谐振荡器,其振荡频率为 $f = 1.44/R_1C_1$,选择 R_1C_1 使 f 接近于晶体的固有振荡频率 f_0,电路将在晶振频率或其谐波上振荡。若起谐不好,可调节电容 C_3。

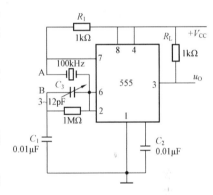

图 5.2-12 石英晶体多谐振荡器

什么是多谐振荡器?其工作特点是什么?

任务 5.3 时基电路的安装与测试

5.3.1 任务目标

(1)根据要求设计数字时钟电路中时基电路。

(2)根据逻辑电路选择所需的元器件,并做简易测试。

(3)根据原理图绘制电路安装连接图。

(4)按照工艺要求正确安装电路。

（5）对安装好的电路进行简单检测与调试。

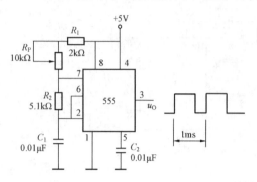

图 5.3-1   时基电路原理参考图

5.3.2   实施步骤

设计时基电路→画出电路图→绘制布线图→清点元器件→元器件检测→电路安装→通电前检查→通电调试→数据记录。

1. 设计时基电路

时基电路是数字钟的核心。电路中选用了 555 定时器与 R、C 来构成多谐振荡器电路，振荡频率为 10^3 Hz。时基电路原理参考图如图 5.3-1 所示。

根据电路图，选择合适元器件，元器件清单见表 5.3-1。

表 5.3-1   **元器件清单检测表**

符号	名称	规格	检测结果	符号	名称	规格	检测结果
R_1	电阻	2kΩ		C_1	瓷片电容	$0.1\mu F$	
R_2	电阻	5.1kΩ		C_2	瓷片电容	$0.01\mu F$	
R_{P1}	可调电阻	10kΩ		U1	NE555 集成块底座		

2. 元器件的检测

为了保证电路功能正常实现，安装前必须要先进行元器件的清点和检测，请根据所学知识按照表 5.3-1 对所有元器件进行检测。

3. 电路安装

根据时基电路原理参考图 5.3-1，并参考元器件实物外形，合理安排安装布局。可参考实物接线示意图 5.3-2 安装布局。印制电路板布线参考图如图 5.3-3 所示。

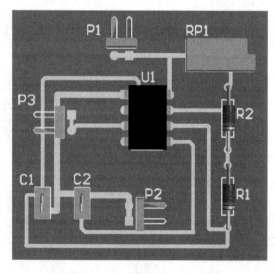

图 5.3-2   实物接线示意图

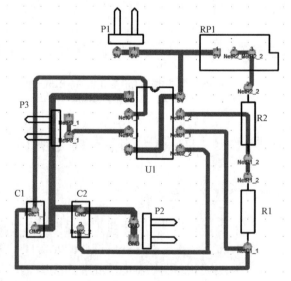

图 5.3-3   印制电路板布线参考图

将经过处理的元器件进行插接，插接顺序按先集成后分立、先主后次进行元器件的安放。插装时各元器件均不能插错，特别要注意有极性的元器件不能插反。该电路中电容选用瓷片电容，注意电容的容量大小。安装顺序及工艺要求见表 5.3-2。

表 5.3-2 安装顺序及工艺要求

焊接顺序	符号	元器件名称	安装工艺要求
1	$R_1 \sim R_2$	色环电阻	(1) 水平卧式安装，色环朝向一致 (2) 电阻体贴紧电路板（1mm 以内） (3) 剪脚留头（1mm 以内）
2	$C_1 \sim C_2$	瓷片电容	(1) 电容直立，一般离电路板（1mm 以内） (2) 剪脚留头（1mm 以内）
3	R_P	电位器	(1) 注意管脚极性方向 (2) 直立，一般离电路板（1mm 以内） (3) 剪脚留头（1mm 以内）
4		集成块底座	(1) 安装时插座的缺口要与电路布线图一致 (2) 直立安装，一般离电路板 1mm (3) 焊接完成后用万用表测量焊点与插座是否连接完好

4. 电路调试

(1) 接通电源进行调试，如果出现出错误，可先检查芯片的电源线是否接上，并保证有正常的工作电压。

(2) 用万用表在 555 的 3 脚输出端测量输出电压，若指针左右摇摆，且周期为 1ms，则为正常。

5.3.3 问题讨论

(1) 如何计算由 555 定时器构成多谐振荡器的振荡频率？

(2) 555 定时器构成多谐振荡器的振荡频率与哪些元件有关？

5.3.4 技能评价

1. 自我评价（40 分）

首先由学生根据实训任务完成情况进行自我评价，评分值填入表 5.3-3 中。

表 5.3-3 自我评价表

项目内容	配分	评分标准	扣分	得分
1. 选配元器件	10 分	(1) 能正确选配元器件，选配出现一个错误扣 1～2 分 (2) 能正确测量电阻值，出现一个错误扣 1～2 分		
2. 安装工艺与焊接质量	30 分	安装工艺与焊接质量不符合要求，每处可酌情扣 1～3 分，例如： (1) 元器件成形不符合要求 (2) 元器件排列与接线的走向错误或明显不合理 (3) 导线连接质量差，没有紧贴电路板 (4) 焊接质量差，出现虚焊、漏焊、搭锡等		

项目内容	配分	评分标准	扣分	得分
3. 电路调试	20分	(1) 电路一次通电调试成功，得满分 (2) 如在通电调试时发现元器件安装或接线错误，每处扣3分		
4. 电路测试	20分	(1) 能正确使用万用表测量电压，且记录完整，可得满分 (2) 否则每项酌情扣2～5分		
5. 安全、文明操作	20分	(1) 违反操作规程，产生不安全因素，可酌情扣7～10分 (2) 着装不规范，可酌情扣3～5分 (3) 迟到、早退、工作场地不清洁，每次扣5～10分		
总评分＝(1～5项总分)×40%				

签名：_____　___年___月___日

2. 小组评价（30分）

再由同一实训小组的同学结合自评的情况进行互评，将评分值填入表5.3-4 中。

表 5.3-4　　　　　　　　　小组评价表

项目内容	配分	评分
1. 实训记录与自我评价情况	20分	
2. 对实训室规章制度的学习与掌握情况	20分	
3. 相互帮助与协作能力	20分	
4. 安全、质量意识与责任心	20分	
5. 能否主动参与整理工具、器材与清洁场地	20分	
总评分＝(1～5项总分)×30%		

参加评价人员签名：_____　___ 年 ___ 月 ___ 日

3. 教师评价（30分）

最后，由指导教师结合自评与互评的结果进行综合评价，并将评价意见与评分值填入表5.3-5 中。

表 5.3-5　　　　　　　　　教师评价表

教师总体评价意见：	
教师评分（30分）	
总评分＝自我评分＋小组评分＋教师评分	

教师签名：_____　___年___月___日

单 元 小 结

（1）产生矩形脉冲的两种方法：①由多谐振荡器直接产生；②由整形电路将其他波形变换而成所需的矩形脉冲。

（2）集成 555 定时器是一种应用相当广泛的集成电路，可用来组成许多脉冲产生和整形的电路，具有使用灵活方便，带负载能力强的特点。

（3）用集成 555 定时器可以构成单稳态触发器、施密特触发器和多谐振荡器。

（4）单稳态触发器是常用的波形变化电路，它有一个稳态和一个暂稳态。在外加触发脉冲信号作用下能从稳态翻转到暂稳态，暂稳态持续一段时间后，电路能自动返回稳态。暂稳态持续时间决定于 RC 定时元件。它常用于自动控制系统中的定时和延时电路，还能对脉冲信号进行整形处理。

（5）施密特触发器也是一种常用的波形变化电路，它具有两个稳定状态，触发器处于哪一种工作状态取决于外加的触发电平。它还具有两个不同的触发电平，存在回差电压，可以进行波形变换、整形等。

（6）多谐振荡器是一种不需要外加输入触发信号；接通电源便能自动输出矩形脉冲信号的振荡电路，它无稳态，只有两个暂稳态。其输出电压作为时钟信号用于控制和协调整个数字系统各部分的工作，因而也称为时钟脉冲源。

（7）本单元简单介绍了集成单稳态触发器、集成施密特触发器和石英多谐振荡器的工作特性，并重点突出了单稳态触发器、施密特触发器和多谐振荡器的应用。

自 我 检 测 题

5.1 填空题

1. _____ 是产生矩形脉冲信号的电路。

2. 多谐振荡器只有两个_____态，没有_____态。

3. 施密特触发器可以将缓慢变化的信号变换成_____信号输出。

4. 集成 555 定时器有_____个引脚，其中_____脚是接正电源，_____脚接负电源。

5. 单稳态触发器在触发脉冲作用下，可以从_____转换到_____态。

5.2 选择题

1. 555 时基电路是（ ）。

A. 计数器   B. 译码器   C. 定时器   D. 寄存器

2. 多谐振荡器是一种自激振荡器，能产生（ ）。

A. 三角波   B. 矩形脉冲波   C. 正弦波   D. 尖脉冲波

3. 单稳态触发器一般不适用于（ ）。

A. 定时

C. 脉冲整形

B. 延时

D. 自激振荡产生矩形波

4. 施密特触发器的主要用途是（ ）。

A. 整形，延时，鉴幅

C. 延时，定时，整形

B. 整形，鉴幅，变换

D. 整形，鉴幅，定时

5. 为了将正弦信号转换成与之频率相同的脉冲信号，可采用（　　　）。

A. 施密特触发器　　　　　　　　　　　　B. 移位寄存器

C. 单稳态触发器　　　　　　　　　　　　D. 多谐振荡器

5.3　判断题

1. 单稳态触发器工作时不需要外加触发信号就能自动地从稳态翻转到暂稳态。（　　　）

2. 施密特触发器工作是具有两个稳定状态，但却只有一个触发电平。（　　　）

3. 施密特触发器有两个不同的触发电平，且存在回差电压。（　　　）

4. 多谐振荡器工作时不需外加触发信号，且只有两个暂稳态。（　　　）

5. 单稳态触发器可用于脉冲整形和脉冲定时，但不能用于脉冲展宽。（　　　）

5.4　综合题

1. 试画出用 555 集成定时器构成单稳态触发器的电路连线图。

2. 试画出用 555 集成定时器构成多谐振荡器的连线图。

3. 已知施密特触发器的输入信号如图 T5-1 所示，试分别画出各自对应的输出波形。

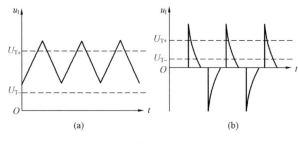

图 T5-1

4. 在 555 定时器构成的施密特触发器电路中，当控制输入 V_{CO} 悬空，$V_{CC} = 15V$ 时，U_{T+}、U_{T-}、ΔU 分别等于多少？

5. 试用 555 定时器构成一个施密特触发器，要求：

（1）画出电路接线图。

（2）画出该施密特触发器的电压传输特性。

（3）若电源电压 V_{CC} 为 6V，输入电压是以 $u_i = 6\sin\omega t$（V）为包络线的单相脉动波形，试画出相应的输出电压波形。

6. 用 555 构成的电路如图 T5-2 所示。

（1）定性地画出 u_{o1}、u_{o2} 的波形，说明电路工作原理。

（2）估算 u_{o1}、u_{o2} 的振荡频率各为多少？

（3）若在 5 脚加 +5V 参考电压，将对电路的振荡频率有何影响？

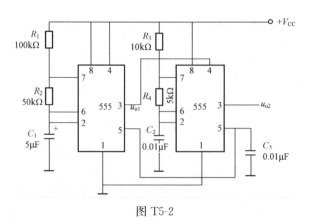

图 T5-2

* 项目 6　模数与数模转换电路的安装与调试

学习目标

📖 应知

(1) 了解模数转换的基本概念。

(2) 了解典型集成模数转换电路的引脚功能及应用电路。

(3) 了解数模转换的基本概念。

(4) 了解典型集成数模转换电路的引脚功能及应用电路。

📖 应会

(1) 会识读集成模数转换器的引脚功能并会测试其逻辑功能。

(2) 会识读集成数模转换器的引脚功能并会测试其逻辑功能。

📖 引言

随着数字电子技术的迅速发展，尤其是微型计算机的广泛应用，在许多情况下，要将获得的模拟信号送到数字系统进行处理、计算、变换以得到所需要的结果。而处理后输出的数字信号，又必须转换成模拟信号才能去控制工业的生产过程。本单元要介绍的是如何将模拟信号和数字信号之间进行转换的技术。

任务 6.1　模数转换器

6.1.1　模数转换基本概念

当微型计算机用于工业自动控制时，由于计算机只能处理数字信号，而被控制对象往往输出的是模拟信号，因此，需将模拟信号转换成相应的数字信号后，才能送给数字系统进行处理，而处理后输出的数字信号，又必须转换成模拟信号才能去控制工业的生产过程。计算机自动控制系统框图如图 6.1-1 所示。

模数转换器即 A/D 转换器，或简称 ADC，通常是指一个将模拟信号转变为数字信号的电子元件。

1. 模数转换的基本原理

通常的模数转换器是将一个输入电压信号转换为一个输出的数字信号，由于数字信

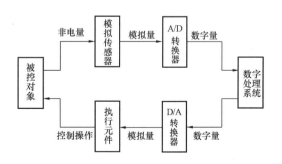

图 6.1-1　计算机自动控制系统框图

号本身不具有实际意义，仅仅表示一个相对大小，故任何一个模数转换器都需要一个参考模拟量作为转换的标准，比较常见的参考标准为最大的可转换信号大小，而输出的数字量则表

示输入信号相对于参考信号的大小。模数转换示意图如图 6.1-2 所示。

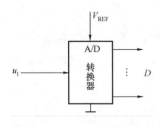

图 6.1-2　模数转换示意图

图中：u_I 为输入模拟量；D 为 n 位输出数字量；V_{REF} 为基准电压。

由于模拟量在时间和数值上是连续的，而数字量在时间和数值上都是离散的，所以转换时要在时间上对模拟信号离散化（采样），还要在数值上离散化（量化），模数转换过程一般步骤为采样、保持、量化及编码 4 个过程。在实际电路中，有些过程是合并进行的，如采样和保持，量化和编码在转换过程中是同时实现的。

（1）取样和保持电路。取样就是将一个时间上连续变化的模拟信号转换为时间上离散模拟信号，或者说是将时间上连续变化的模拟量转换为一串等间隔的脉冲，且脉冲幅值取决于当时的输入模拟量。

保持是将取样后的幅度值取出并且保持一定时间，以便于后面的信号处理。

由于取样脉冲的宽度 t_W 往往是很小的，因此取样值脉冲的宽度也是很窄的，而实现转换需要一定的时间，为使后续电路能很好地对这个取样结果进行处理，通常要把取样值保存起来，直到下一次取样再更新，实现这个保存功能的电路就叫保持电路。

取样器和保持电路合并称为取样保持电路。图 6.1-3（a）所示为一种取样保持电路图。图 6.1-3（b）为其工作波形。

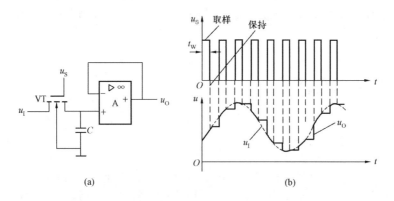

图 6.1-3　取样保持电路和工作波形
(a) 取样保持电路；(b) 工作波形

（2）量化与编码。量化是将取出的信号幅度值变成与幅值成正比的二进制数。用数字量表示取样电压时，必须把取样电压按指定要求划分成某个最小量单位的整数倍，这个最小量单位称作量化单位，其大小等于输出信号最低位为 1 所代表的数量大小，记为 Δ。这一过程成为量化。

编码是将量化的结果用二进制数表示，这一过程称为二进制编码，这个二进制代码就是 A/D 转换器的输出信号。

例如，把 $0 \sim 8V$ 的模拟信号转换成三位二进制代码，采用取整舍尾的方法，量化与编码的关系如图 6.1-4（a）所示。不难看出，取整舍尾法的最大量化误差为 $\varepsilon_{max} = \Delta$，即 1V。

若采用四舍五入法，量化与编码的关系如图 6.1-4（b）所示。由图可知，量化单位 $\Delta =$

$2/15V$，最大量化误差为 $\varepsilon_{max}=1/2\Delta$。

由于四舍五入法的量化误差比取整舍尾法要小，故为大多数 A/D 转换器所采用。

2. 模数转换器的主要参数

（1）分辨率。分辨率反映了 A/D 转换器对输入信号的分辨能力，通常用输出的二进制位数来表示 A/D 转换器的分辨率。

（2）转换精度。它是指在整个转换范围内，任一输出数字量所对应的模拟输入量值与理论值之差与满量程模拟值之比，常用百分数表示。

（3）转换时间与转换速率。转换时间指的是 A/D 转换器完成一次完整的转换所需的时

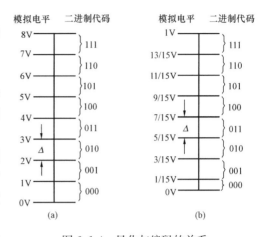

图 6.1-4　量化与编码的关系

(a) 取整舍尾法；(b) 四舍五入法

间，也就是从发出对输入模拟信号进行取样命令开始，到输出端产生有效的数字量输出的这一段时间。

转换速率通常指的是转换时间的倒数。

6.1.2　集成模数转换器

常用的 A/D 转换器有 ADC0804、ADC0809/0809、MC14433 等。下面以 ADC0809/0809 为例介绍其功能及应用。

1. ADC0809/0809 引脚功能

集成 ADC0808/0809 内部带有 8 通道多路模拟开关的逐位比较型 A/D 转换器，可以直接输入 8 个单端的模拟信号。0808 与 0809 只是精度不同而已，内部电路和外部功能完全相同。ADC0808/0809 的主要性能如下：

（1）可直接与微机系统连接，而不需要另加接口电路。

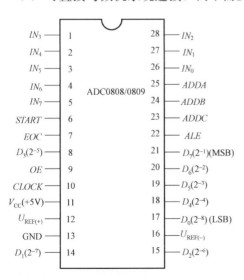

图 6.1-5　ADC0808/0809 的引脚图

（2）采用＋5V 逐次比较型 A/D 转换器，工作时钟典型值为 640kHz，转换时间约为 $100\mu s$。

（3）分辨率八位二进制码，总失调误差：ADC0808 为 ±1LSB，ADC0809 为 ±1/2LSB。

（4）模拟量的输入电平范围为 0～5V，为需要零点和满度调节。

图 6.1-5 是 ADC0808/0809 的引脚图，各引脚功能说明如下：

$IN_7\sim IN_0$：8 路模拟输入端。

$ADDA. ADDB. ADDC$：3 位地址变量，其中 $ADDC$ 为地址最高位，$ADDA$ 为地址最低位，三个地址变量的编码状态 000～111，从模拟输入 $IN_0\sim IN_7$ 中选择对应的一路进行转换。

ALE：地址锁存允许信号，高电平有效。

START：A/D转换的启动脉冲信号，上升沿将数码寄存器清0，下将沿开始进行转换。

CLK：时钟脉输入，范围是 $10\sim1280\text{kHz}$，若 $CLK=500\text{kHz}$，则转换速度为 $128\mu\text{s}$。

$D_7\sim D_0$：输出数据线，其中 D_7 是最高位。

EOC：输出允许信号，输入高电平有效。在 *START* 上升沿来到后，*EOC* 为低电平，表示转换器正在进行转换。一旦结束，*EOC* 变为高电平，通知接收数据的设备，可以读取数据信号。

OE：输出允许信号，输入高电平有效。*EOC* 为高电平后，发出 *OE* 为高电平的信号，打开三态输出锁存缓冲器，将转换结果输出。

$V_{\text{REF}(+)}$、$V_{\text{REF}(-)}$：基准参考电压的正端和负端。

2. 典型应用电路

集成 ADC 在 MP3、MP4、数字音响等众多电器中得到广泛应用。ADC0804 也是 8 位集成 ADC，它只能对单路模拟信号进行 A/D 转换，而 ADC0809 通过多路开关可以对 8 路模拟信号进行 A/D 转换。图 6.1-6 所示为 ADC0804 的典型应用电路。

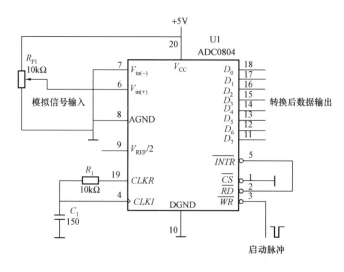

图 6.1-6   ADC0804 典型应用电路

？想一想

1. 模数转换一般要经过哪几个过程？

2. 在各种日常家电中，你认为哪些电器可能采用了模数转换技术？

任务 6.2   数模转换器

6.2.1   数模转换基本概念

能将数字量转换为模拟量的电路称为数模转换器，简称 D/A 转换器或 DAC。

1. 数模转换的基本原理

D/A 转换器是将输入的二进制代码数字量转换成对应的模拟量，转换原理框图如图 6.2-1 所示。

将输入的每一位按其权的大小转换成相应的模拟量，然后将代表各位的模拟量相加，所得的总模拟量就与数字量成正比，这样便实现了从数字量到模拟量的转换。输出的模拟电压与输入的数字量之间的转换关系为

$$u_o = K_v \cdot D$$

式中：K_v 为电压转换比例系数；D 为输入二进制数字量。

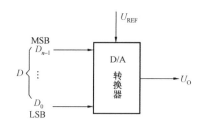

图 6.2-1　数模转换示意图

2. 数模转换器的主要技术指标

数模转换器的主要技术指标有分辨率、转换精度和转换时间。

（1）分辨率。分辨率反映了 D/A 转换器所能分辨的最小输出模拟电压的能力，它同 D/A 转换器的位数 n 和满刻度输出电压 U_{FSR} 有关。

分辨率定义为转换器能够分辨出的最小输出电压 U_{LSB}，与满刻度输出电压 U_{FSR} 之比。对于一个 n 位 D/A 转换器来说，U_{LSB} 是指输入数字量最低位为 1，其余各位为 0 时的输出电压，$U_{LSB} = U_{REF}/2^n$；U_{FSR} 指的是输入数字量所有位均为 1 时的输出电压（也称为最大输出电压 U_{om}），$U_{FSR} = (2^n-1)U_{REF}/2^n$，所以分辨率为 $1/(2^n-1)$。输入数字量的位数越多，分辨力就越强。

（2）转换精度。转换精度是指 D/A 转换器的实际输出模拟电压与理想输出模拟电压之间的最大偏差。这个差值越小，电路的转换精度越高。通常要求电路的误差应低于 $1/2U_{LSB}$。

（3）转换时间。转换时间是指从输入数字信号起到输出电压达到稳定值所需的时间。转换时间越短，D/A 转换器的速度越快。不同 D/A 转换器的转换速度是不相同的，一般在几微秒到几十微秒范围内。

📖 知识拓展

6.2.2　集成数模转换器

常用的集成 D/A 转换器有 AD7521、AD7524、AD7541、DAC0830、DAC0831、DAC0832 等。下面以 DAC0832 为例介绍集成 D/A 转换器的功能。

DAC083X 系与微型计算机兼容的 8 位 D/A 转换器，其优点是功耗低，泄漏电流误差小，温度低。由于采用了两级数据输入缓冲锁存器，因此能很方便地用于多个 D/A 转换器同时工作的场合。

DAC083X 可分三挡，即 0830/0831/0832，三个挡级产品仅是电性能略有差别，其引脚功能、内部电路、基本特性及应用方法均相同，下面以 0832 为例进行介绍。

1. DAC0832 引脚功能

DAC0832 外引脚排列图如图 6.2-2 所示。各引脚功能如下：

$\overline{WR}_1$：写信号 1，低电平有效，低电平时将输入数据写入输入寄存器，高电平时，信号锁存于输入寄存器。

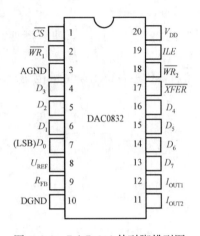

图 6.2-2　DAC0832 外引脚排列图

$\overline{WR_2}$：写信号 2，低电平有效，与 $\overline{XFER}$ 组合，使输入寄存器信号传输到 D/A 寄存器。

$\overline{CS}$：输入寄存器选通信号（称为片选信号），与 ILE 配合选通 $\overline{WR_1}$。

ILE：允许输入，高电平有效。

$\overline{XFER}$：传输控制信号，低电平有效。低电平时选通 $\overline{WR_2}$。

$D_0 \sim D_7$：八位数据输入端，D_7 为最高位，D_0 为最低位。

U_{REF}：基准电压，V_{REF} 可在 $-10V \sim +10V$ 内选择。

R_{FB}：反馈电阻，用采作外部求和放大器的反馈电阻，并以内部 R-$2R$ 电阻网络匹配。

I_{OUT1}：D/A 转换器电流输出端 1。

I_{OUT2}：D/A 转换器电流输出端 2。

V_{DD}：电源电压输入端，电源电压选择范围 $+5V \sim +15V$。

AGND：模拟地。

DGND：数字地。

DAC0832 是 8 位数模转换集成芯片，电流输出，稳定时间为 150ns，驱动电压 $\pm 5V$，33mW。DAC0832 可以直接和 TTL、DTL 和 CMOS 逻辑电平相兼容。

2. 典型应用电路

DAC 广泛应用与单片机系统中，可利用单片机的控制信号对 DAC0832 的 $\overline{CS}$、$\overline{WR_1}$、$\overline{WR_2}$、$\overline{XFER}$、ILE 端进行控制，连接成单缓冲或双缓冲工作方式，DAC0832 的典型应用电路如图 6.2-3 所示，将 $\overline{CS}$、$\overline{WR_1}$、$\overline{WR_2}$、$\overline{XFER}$ 端接地，ILE 端接高电平，从而实现了直通工作方式。DAC0832 芯片为电流输出型数模转换器，要获的模拟

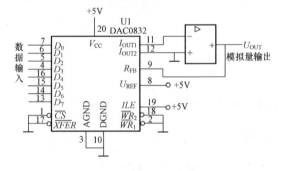

图 6.2-3　DAC0832 典型应用电路

电压输出，还需要外接集成运算放大器，这里采用的是单极性电压输出方式。

? 想一想

1. 什么是数模转换？

2. 在各种日常家电中，你认为哪些电器可能采用了数模转换技术？

任务 6.3　模数与数模转换电路的安装与测试

6.3.1　任务目标

（1）认识模数与数模转换电路的各元器件。

（2）会检测模数与数模转换电路的各元器件。

（3）掌握模数与数模转换电路的安装及焊接方法。

（4）理解模数与数模转换电路的工作原理。

6.3.2　实施步骤

1. 主要元器件准备及检测

为了保证电路功能正常实现，安装前必须要先进行元器件的清点和检测，图 6.3-1 为 DAC0808 数模转换器测试参考图，请根据所学知识按照表 6.3-1 对所有元器件进行检测。

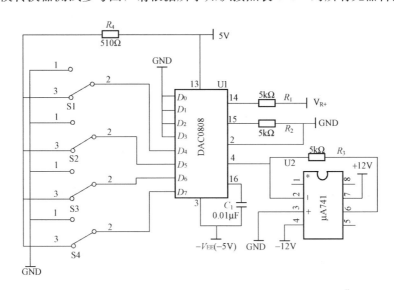

图 6.3-1　DAC0808 数模转换器测试参考图

表 6.3-1　　　　　　　　　　　　　　元器件清单检测表

符号	名称	规格	检测结果
$R_1 \sim R_3$	电阻	$5\text{k}\Omega$	
R_4	电阻	510Ω	
C_1	电容	$0.01\mu\text{F}$	
U1	D/A 数模转换器	DAC0808	
U2	运算放大器	$\mu\text{A}741$	

图 6.3-2 为 ADC0809 模数转换器测试参考图，请根据所学知识按照表 6.3-2 对所有元器件进行检测。

表 6.3-2　　　　　　　　　　　　　　元器件清单检测表

符号	名称	规格	检测结果
R_1	电阻	$10\text{k}\Omega$	
$R_2 \sim R_{10}$	电阻	510Ω	
R_{P1}、R_{P2}	电位器	$50\text{k}\Omega$	
C_1	电解电容	$10\mu\text{F}$	

符号	名称	规格	检测结果
C_2、C_3	电解电容	$4.7\mu F$	
LED1～LED8	发光二极管	d3	
U1	A/D 模数转换器	ADC0809	

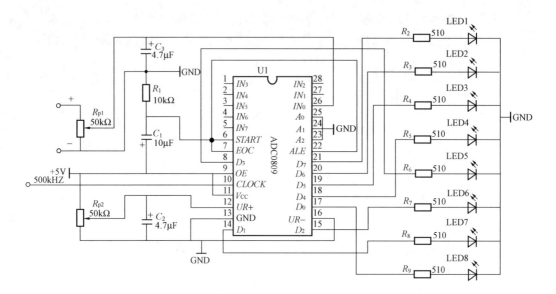

图 6.3-2　ADC0809 模数转换器测试参考图

2. 电路安装

根据 DAC0808 数模转换器电路测试原理图 6.3-1，并参考元器件实物外形，合理安排安装布局。可参考实物接线示意图 6.3-3，印制电路板布线参考图 6.3-4 所示。

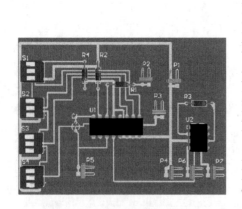

图 6.3-3　实物接线示意图

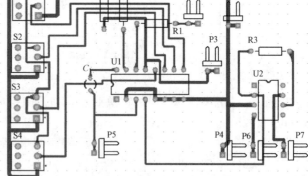

图 6.3-4　印制电路板布线参考图

由 ADC0809 模数转换器电路测试原理图 6.3-2，并参考元器件实物外形进行布局，图 6.3-5 所示为器参考实物接线示意图，图 6.3-6 所示为印制电路板布线参考图。

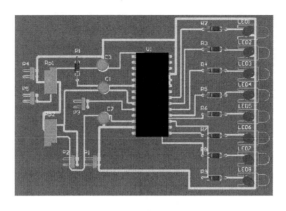

图 6.3-5　实物接线示意图

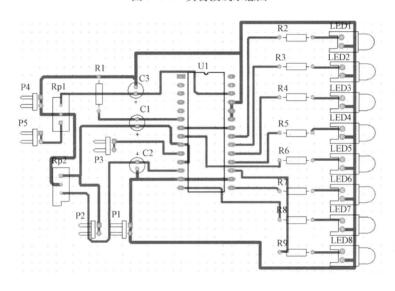

图 6.3-6　印制电路板布线参考图

　　将经过处理的元器件进行插接，插接顺序按先集成后分立，先主后次进行元器件的安放。插装时各元器件均不能插错，特别要注意有极性的元器件不能插反，如电解电容、发光二极管等。焊接顺序及安装工艺见表 6.3-3。

表 6.3-3　　　　　　　　　　　　元器件焊接顺序及安装工艺表

焊接顺序	符号	元器件名称	安装工艺要求
1	R	色环电阻	(1) 水平卧式安装，色环朝向一致 (2) 电阻体贴紧电路板（1mm 以内） (3) 剪脚留头（1mm 以内）
2	LED	发光二极管	(1) 注意正负极方向 (2) 与外壳结合决定安装高度 (3) 剪脚留头（1mm 以内）
3	R_P	电位器	(1) 注意管脚极性方向 (2) 直立，一般离电路板（1mm 以内） (3) 剪脚留头（1mm 以内）

续表

焊接顺序	符号	元器件名称	安装工艺要求
4	C	电容	(1) 电容直立，一般离电路板（1mm以内） (2) 剪脚留头（1mm以内）
5	S	按钮	(1) 正确区分按钮引脚 (2) 直立安装，一般离电路板 1mm
6		集成块底座	(1) 安装时插座的缺口要与电路布线图一致 (2) 直立安装，一般离电路板 1mm (3) 焊接完成后用万用表测量焊点与插座是否连接完好

3. 电路测试

将 DAC0808 测试电路对应的第 5、6、7、8 管脚 $D_4 \sim D_7$ 分别接电平开关 S1～S4，V_{CC}、V_{REF} 接 +5V 电源，V_{EE} 接 −5V 电源，运放 μA741 的第 4、7 管脚接 ±12V。按表 6.3-4 所列的数据输入数字信号，用数字电压表测量运算放大器的输出电压 U_o 填入表中，然后与理论值进行比较，是否正确。

表 6.3-4   数模转换器 DAC0808 功能测试结果记录

输 入 数 字 量								输出模拟量	
								U_o实际值	U_o理论值
D_7	D_6	D_5	D_4	D_3	D_2	D_1	D_0		
0	0	0	0	0	0	0	0		
0	0	0	1	0	0	0	0		
0	0	1	0	0	0	0	0		
0	0	1	1	0	0	0	0		
0	1	0	0	0	0	0	0		
0	1	0	1	0	0	0	0		
0	1	1	0	0	0	0	0		
0	1	1	1	0	0	0	0		
1	0	0	0	0	0	0	0		
1	0	0	1	0	0	0	0		
1	0	1	0	0	0	0	0		
1	0	1	1	0	0	0	0		
1	1	0	0	0	0	0	0		
1	1	0	1	0	0	0	0		
1	1	1	0	0	0	0	0		
1	1	1	1	0	0	0	0		

将 ADC0809 按图 6.3-2 所示电路连接，地址控制信号 $A_0 \sim A_2$ 均为低电平，所以模拟输入信号采用 IN0 端，其输入电压可通过 RP1 进行调节对其控制。第 10 管脚输入 500kHz 时钟脉冲。输出端 $D_7 \sim D_1$ 分别对应发光二极管 LED1～LED8。检查无误后通电试验，通过电

位器改变电压值大小，对应其输入电压观察发光二极管工作状态是否正常，并将测试结果填入表 6.3-5 中。安装好的 ADC0808 测试电路如图 6.3-7 所示。

表 6.3-5　　　　　　　　　**AD 转换器 ADC0809 功能测试表**

输入电压/V	D_7	D_6	D_5	D_4	D_3	D_2	D_1	D_0	十进制
4.5									
4.0									
3.5									
3.0									
2.5									
2.0									
1.5									
1.0									

6.3.3　问题讨论

（1）A/D 转换电路与 D/A 转换电路合并成一个电路时，输入状态与输出检测到的波形是否会一致？

（2）请你总结装配、调试的制作经验和教训，并与同学分享或借鉴。

图 6.3-7　实物测试电路

6.3.4　技能评价

1. 自我评价（40 分）

首先由学生根据实训任务完成情况进行自我评价，评分值填入表 6.3-6 中。

表 6.3-6　　　　　　　　　　自我评价表

项目内容	配分	评分标准	扣分	得分
1. 选配元器件	10 分	（1）能正确选配元器件，选配出现一个错误扣 1～2 分 （2）能正确测量电阻值，出现一个错误扣 1～2 分		
2. 安装工艺与焊接质量	30 分	安装工艺与焊接质量不符合要求，每处可酌情扣 1～3 分，例如 （1）元器件成形不符合要求 （2）元器件排列与接线的走向错误或明显不合理 （3）导线连接质量差，没有紧贴电路板 （4）焊接质量差，出现虚焊、漏焊、搭锡等		
3. 电路调试	20 分	（1）电路一次通电调试成功，得满分 （2）如在通电调试时发现元器件安装或接线错误，每处扣 3 分		
4. 电路测试	20 分	（1）能正确使用万用表测量电压，且记录完整，可得满分 （2）否则每项酌情扣 2～5 分		

续表

项目内容	配分	评分标准	扣分	得分
5. 安全、文明操作	20分	(1) 违反操作规程，产生不安全因素，可酌情扣 7～10 分 (2) 着装不规范，可酌情扣 3～5 分 (3) 迟到、早退、工作场地不清洁，每次扣 5～10 分		
总评分＝(1～5 项总分)×40%				

签名：＿＿＿＿＿＿　＿＿年＿＿月＿＿日

2. 小组评价（30 分）

再由同一实训小组的同学结合自评的情况进行互评，将评分值填入表 6.3-7 中。

表 6.3-7　　　　　　　　　小组评价表

项目内容	配分	评分
1. 实训记录与自我评价情况	20分	
2. 对实训室规章制度的学习与掌握情况	20分	
3. 相互帮助与协作能力	20分	
4. 安全、质量意识与责任心	20分	
5. 能否主动参与整理工具、器材与清洁场地	20分	
总评分＝(1～5 项总分)×30%		

参加评价人员签名：＿＿＿＿＿＿＿＿＿　＿＿年＿＿月＿＿日

3. 教师评价（30 分）

最后，由指导教师结合自评与互评的结果进行综合评价，并将评价意见与评分值填入表 6.3-8 中。

表 6.3-8　　　　　　　　　教师评价表

教师总体评价意见：	
教师评分（30 分）	
总评分＝自我评分＋小组评分＋教师评分	

教师签名：＿＿＿＿＿＿　＿＿年＿＿月＿＿日

单　元　小　结

（1）数字电路与模拟电路相比，具有抗干扰能力强等优点，但数字电路不能直接处理模拟信号，而且数字电路不能直接驱动负载，所以要借助模数和数模转换电路来实现它们之间的转换。

（2）模数转换器的作用是把连续变化的模拟信号转换为相应的数字信号。一般要经过取样、保持、量化和编码 4 个过程。常见的集成模数转换器有 ADC0808/0809 和 MC14433。

（3）数模转换器的作用是把输入的数字信号转换成模拟信号。常用的集成数模转换器有 AD7524 和 DAC083X。

（4）衡量模数和数模转换器性能好坏的主要性能指标：分辨率、转换精度和转换时间（转换速度）。

（5）模数和数模转换器在微型计算机和微处理器对各种工业生产和工艺过程监控中的自动检测、自动控制和信号处理等方面获得广泛应用。

自 我 检 测 题

6.1　填空题

1. 将模拟量转换为数字量，采用＿＿＿＿＿＿转换器，将数字量转换为模拟量，采用＿＿＿＿＿＿转换器。

2. 数模转换器的作用是将＿＿＿＿＿＿＿＿信号转换为＿＿＿＿＿＿＿＿信号。

3. 模数转换器由＿＿＿＿＿＿＿、＿＿＿＿＿＿、＿＿＿＿＿＿和＿＿＿＿四个过程组成。

4. 在数模转换器的分辨率越高，分辨＿＿＿＿＿＿的能力越强；A/D 转换器的分辨率越高，分辨＿＿＿＿＿＿＿的能力越强。

5. 模数转换器的主要参数有＿＿＿＿＿＿、＿＿＿＿＿＿和＿＿＿＿＿。

6.2　选择题

1. 在数模转换电路中，输出模拟电压数值与输入的数字量之间（　　）关系。

A. 成正比　　　　　B. 成反比　　　　　C. 相等　　　　　D. 非线性

2. DAC0832 是（　　）DAC。

A. 4 位　　　　　B. 6 位　　　　　C. 8 位　　　　　D. 10 位

3. MP3 在录音时一般利用（　　）将模拟音频信号转换为数字音频信号，在放音时，一般采用（　　）将数字音频信号转换为模拟音频信号。

A. ADC　　　　　B. DAC　　　　　C. 放大器　　　　　D. 译码器

4. 集成 ADC0809 的工作电源是（　　）。

A. +12V　　　　　B. +5V　　　　　C. -5V　　　　　D. +10V

5. 数模转换器的主要参数有（　　）、转换精度和转换速度。

A. 分辨率　　　　　B. 输入电阻　　　　　C. 输出电阻　　　　　D. 参考电压

6.3　判断题

1. ADC0803 是 10 位 ADC。（　　）

2. 对数模转换器而言，输入数字量的位数越多，则其分辨能力越强。（　　）

3. DAC 的功能是将模拟信号转换成数字信号。（　　）

4. ADC 和 DAC 的位数越高，也就是精度越高。因此，选用 ADC 和 DAC 时，位数越高越好。（　　）

5. ADC0809 集成电路是属于 D/A 转换器。（　　）

6.4　综合题

1. D/A 转换器每一组成部分各起什么作用？

2. D/A 转换器的分辨率指的是什么？试求 10 位 D/A 转换器的分辨率。

3. A/D 转换器一般应用在哪些电器中？起什么作用？

4. A/D 转换器的主要参数的意义是什么？

5. 上网查阅 8 位、10 位 ADC 和 DAC 各两种，并记录其型号。

项目 7　数字电子产品的安装与调试

任务 7.1　数字时钟电路的安装与调试

7.1.1　任务目标

（1）认识数字时钟电路的各元器件。
（2）能对数字时钟的各元器件进行检测。
（3）掌握数字时钟电路的安装及焊接方法。
（4）能对数字时钟电路各模块的应用有一定了解。
（5）了解数字时钟电路的工作原理。

7.1.2　电路基本工作原理

1. 任务分析

我们已经制作过计数器、译码驱动数显电路、时基电路等，现在将这些电路结合在一起，并稍加改动，便是一个完整的数字时钟电路。

数字时钟电路一般由六个部分组成，其中振荡器和分频器组成标准的秒信号发生器，由不同进制的计数器、译码器和显示器组成计时系统。秒信号送入计数器进行计数，把累计的结果以"时"、"分"、"秒"的十进制数字显示出来。"时"显示由 24 进制计数器、译码器和显示器构成，"分"、"秒"显示分别由 60 进制计数器、译码器和显示器构成。其原理框图如图 7.1-1 所示。

2. 基本工作原理

数字时钟电路参考原理图如图 7.1-2 所示。该电路计时振荡频率采用了 32.768kHz 的晶体振荡器 Y1，通过 14 位二进制串行计数器 U10（CD4060）进行 14 级分频后，在其第 3 脚（内部 Q14）上得到 2Hz（$32768/2^{14}$）的计时基准信号，送至 12 位二进制串行计数器 U11（CD4040）进行二分频后，在其第 9 脚（内部 Q1）上得到 1Hz 的秒基准信号，该信号输出分两路，一路通过 R50 送至 VT1，放大后作为 VD1～VD4 秒闪指示灯驱动信号；另一路送至

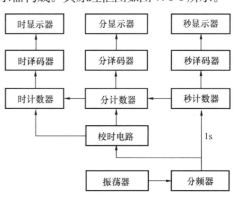

图 7.1-1　数字时钟电路原理框图

双 BCD 码同步加法计数器 U9（CD4518），经过其加法计数后得到相应的两路二进制 BCD 码，分别送至译码显示驱动电路 U5、U6（CD4511），从而使得数码管 DS5、DS6 正常显示秒时钟数字，分时钟数字显示和小时时钟数字显示工作原理与秒时钟显示工作原理相同，其中二极管 VD5 和 VD6、VD7 和 VD8、VD9 和 VD10 构成与门电路，充分保证小时的显示是逢 24 进位并清零，分钟和秒钟的显示是逢 60 进位并清零。

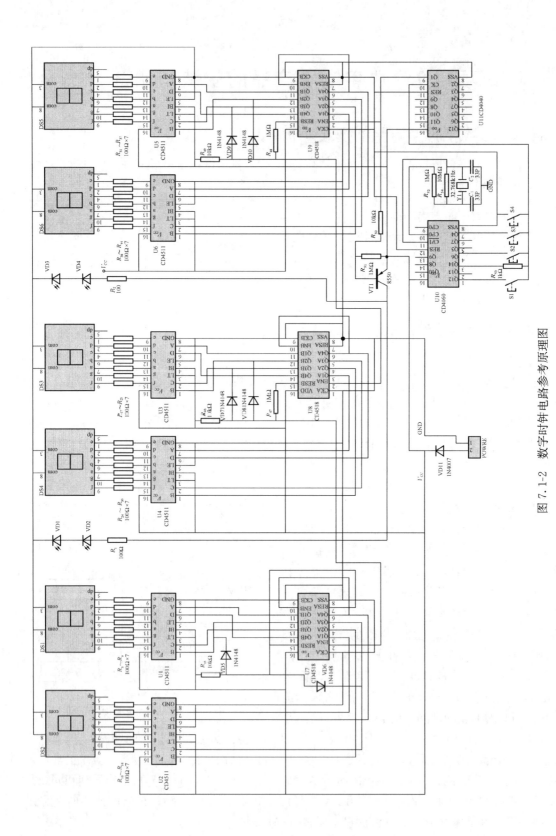

图 7.1-2 数字时钟电路参考原理图

7.1.3　电路安装

为了保证电路功能正常实现，安装前必须要先进行元器件的清点和检测，请根据所学知识按照表 7.1-1 对所有元器件进行检测。

表 7.1-1　　　　　　　　　　　　　元器件清单检测结果记录

符号	名称	规格	检测结果	符号	名称	规格	检测结果
$R_1 \sim R_{44}$	电阻	100Ω		U1～U6	七段码译码器	CD4511	
$R_{45}、R_{46}、R_{49}、R_{50}$	电阻	10kΩ		U7～U9	同步加法计数器	CD4518	
$R_{47}、R_{48}、R_{51}、R_{52}$	电阻	1MΩ		U10	14 级二进制串行计数器	CD4060	
R_{53}	电阻	1kΩ		U11	12 位二进制串行计数器	CD4040	
R_{54}	电阻	10MΩ		DS1～DS6	七段数码管	5161	
VD1～VD6	二极管	IN4148		$C_1、C_2$	电容	33pF	
LED1～LED4	发光二极管	d3		Y1	晶振	32.768kHz	

该电路采用的集成芯片有七段码译码器 CD4511、同步加法计数器 CD4518、14 位二进制计数器/分频器 CD4060、12 位二进制串行计数器 CD4040。各芯片的引脚图如图 7.1-3 所示。各芯片的引脚功能请自行查阅有关资料。

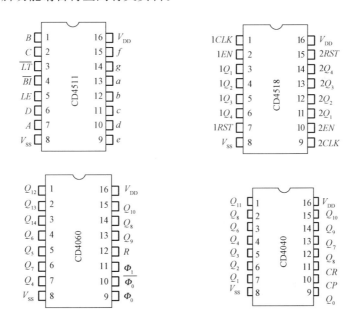

图 7.1-3　各芯片的引脚图

由于本次实训电路较复杂，元器件较多，实训过程中务必仔细认真。将经过处理的元器件进行插接，插接顺序按"先插分立元器件、后插集成器件；先焊电阻、后焊半导体器件"的原则进行。插装时各元器件均不能插错，特别要注意有极性的元器件不能插反，如七段数码管、集成块等。安装顺序及工艺见表 7.1-2。

表 7.1-2   元器件安装工艺表

焊接顺序	符号	元器件名称	安装工艺与要求
1	R	色环电阻	(1) 水平卧式安装，色环朝向一致 (2) 电阻体贴紧电路板（1mm 以内） (3) 剪脚留头（1mm 以内）
2	C	电容	(1) 电容直立，一般离电路板（1mm 以内） (2) 剪脚留头（1mm 以内）
3	VD	二极管	(1) 水平安装，注意正负极方向 (2) 管体紧贴电路板（1mm 以内） (3) 剪脚留头（1mm 以内）
4	LED	发光二极管	(1) 注意正负极方向 (2) 与其他元件结合决定安装高度 (3) 剪脚留头（1mm 以内）
5	VT	三极管	(1) 直立安装，正确区分三极管的型号和引脚排列 (2) 三极管管体底面离电路板 3~5mm (3) 剪脚留头（1mm 以内）
6	U	集成块	(1) 水平安装，正确区分集成块引脚 (2) 建议用集成块插座，以保护集成块引脚
7	S	拨动开关	安装时要平稳
8	DS	7 段数码管	焊接时离电路板 1mm 以内

7.1.4 电路调试

1. 调试仪器

稳压电源、双踪示波器、万用表、逻辑笔、函数信号发生器。

2. 调试步骤

（1）接通电源前先检查集成块引脚是否装错。

（2）检查电路的连接是否有错。

（3）确定无误后通电观察。通电后观察元器件有无冒烟、异味、元器件是否烫手等现象，完全正常后可进行下一步测量和调试。

（4）连接信号发生器，将秒脉冲送入秒计数器，检查秒个位、十位是否按 10 秒，60 秒进位。采用同样方法检测 60 分和 24 小时计数器。

（5）调试好时、分、秒计数器后，通过拨动开关和电位器依次校准分、时。观察数字钟是否正常。

（6）使用示波器测试 CD4060 集成片第 11 引脚输入信号波形，并记录下波形。使用示波器测试 CD4060 集成片第 3 引脚输出信号波形，并记录下波形。

3. 测试标准

（1）所用仪器选择是否正确。

（2）量程范围是否合适。

（3）波形记录是否正确。

（4）数据记录是否正确。

完成后的数字时钟电路如图 7.1-4 所示。

图 7.1-4　数字时钟实物电路图

7.1.5　技能评价

1. 自我评价（40 分）

首先由学生根据实训任务完成情况进行自我评价，评分值填入表 7.1-3 中。

表 7.1-3　　　　　　　　　　　　　　　　自我评价表

项目内容	配分	评分标准	扣分	得分
1. 选配元器件	10 分	（1）能正确选配元器件，选配出现一个错误扣 1～2 分 （2）能正确测量电阻值及其普通二极管，出现一个错误扣 1～2 分		
2. 安装工艺与焊接质量	30 分	安装工艺与焊接质量不符合要求，每处可酌情扣 1～3 分，例如 （1）元器件成形不符合要求 （2）元器件排列与接线的走向错误或明显不合理 （3）导线连接质量差，没有紧贴电路板 （4）焊接质量差，出现虚焊、漏焊、搭锡等		
3. 电路调试	20 分	（1）电路一次通电调试成功，得满分 （2）如在通电调试时发现元器件安装或接线错误，每处扣 3 分		
4. 电路测试	20 分	（1）能正确使用万用表测量电压，且记录完整，可得满分 （2）否则每项酌情扣 2～5 分		
5. 安全、文明操作	20 分	（1）违反操作规程，产生不安全因素，可酌情扣 7～10 分 （2）着装不规范，可酌情扣 3～5 分 （3）迟到、早退、工作场地不清洁，每次扣 5～10 分		
总评分 =（1～5 项总分）×40%				

签名：_____　___年___月___日

2. 小组评价（30 分）

再由同一实训小组的同学结合自评的情况进行互评，将评分值填入表 7.1-4 中。

表 7.1-4　　　　　　　　　　　　　　小组评价表

项目内容	配分	评分
1. 实训记录与自我评价情况	20 分	
2. 对实训室规章制度的学习与掌握情况	20 分	
3. 相互帮助与协作能力	20 分	
4. 安全、质量意识与责任心	20 分	
5. 能否主动参与整理工具、器材与清洁场地	20 分	
总评分＝（1～5 项总分）×30%		

参加评价人员签名：＿＿＿＿＿＿　＿＿ 年 ＿＿ 月 ＿＿ 日

3. 教师评价（30 分）

最后，由指导教师结合自评与互评的结果进行综合评价，并将评价意见与评分值填入表 7.1-5 中。

表 7.1-5　　　　　　　　　　　　　　教师评价表

教师总体评价意见：	
教师评分（30 分）	
总评分＝自我评分＋小组评分＋教师评分	

教师签名：＿＿＿＿＿＿　＿＿年＿＿月＿＿日

任务7.2　八路智力竞赛抢答器的安装与调试

7.2.1　任务目标

（1）认识八路智力竞赛抢答器电路的各元器件。

（2）能对八路智力竞赛抢答器电路的各元器件进行检测。

（3）掌握八路智力竞赛抢答器电路的安装及焊接方法。

（4）理解八路智力竞赛抢答器电路的工作原理。

7.2.2 电路基本工作原理

1. 任务分析

智力竞赛抢答器有很简单的电路，也有较复杂的电路。比如，用发光二极管指示抢答组别的电路可以做的很简单。如果要用数字显示抢答组别，则电路会相对复杂一些。这里采用的是数字显示抢答组别的智力竞赛抢答器。

数显抢答器采用 CMOS 常用集成电路制作，由触发器、编码器、译码器、音响电路等组成，可供 8 人抢答，用 7 段数码管显示抢答者的组别号码，而且有声音提示已有人抢答，有人抢答后还能自动锁闭其他各路输入，使其他组的开关失去作用。数显抢答器的组成框图如图 7.2-1 所示。

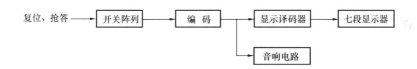

图 7.2-1 数显抢答器组成框图

2. 基本工作原理

八路数显抢答器电路原理参考图如图 7.2-2 所示。SW1～SW8 组成 1～8 路抢答器按钮开关，VD1～VD12 组成数字编码器，SW9 为复位按钮。显示译码器 CD4511 集成电路 1、2、6、7、脚为 BCD 码输入端，9～15 脚为显示输出端。3 脚为测试端，当 3 脚为 0 时，输出全为 1。4 脚为消隐端，4 脚为 0 时输出全为 0。5 脚为锁存允许端，当 5 脚由 0 变为 1 时，输出端保持 5 脚为 0 时的显示状态。16 脚接电源正极，8 脚接电源负极。集成 NE555 定时器及外围电路组成抢答器声响提示电路。电路采用 5V 直流电源供电。

当电源闭合后，先由主持人按复位按钮开关 SB9 接至显示译码器 CD4511 的消隐输入端 $\overline{BI}$ 为低电平，此时不管 CD4511 其他输入端状态如何，七段数码管均处于熄灭（消隐）状态，不显示数字。同时由 NE555 定时器和外围电路组成的抢答器声响提示电路，输出为低电平，蜂鸣器不响，为开始抢答做好准备。

抢答开时后，假设第一组最先按下按钮开关 SB1，VD1 导通，VD2、VD3、VD4 截止，CD4511 的 DCBA 输入为 "0001"，数码管显示数字为 "1"，同理，当 SB2 最先按下，CD4511 的 DCBA 输入为 "0010"，数码管显示数字为 "2"，以此类推。有人抢答时，NE555 定时器输出高电平，使蜂鸣器发出蜂鸣声，告知已有人抢答。

本抢答器有闭锁功能，当有人抢答成功后，其他人再按下按钮将不起作用，显示不会改变。此后等待主持人操作控制开关 SW9，使抢答电路复位，以便进行下一轮抢答。

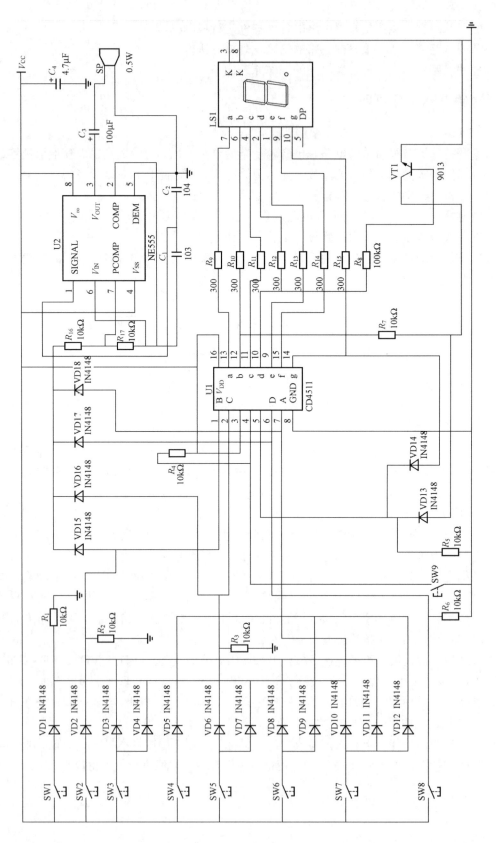

图 7.2-2 八路数显抢答器电路原理参考图

7.2.3 电路安装

1. 主要元器件准备与检测

为了保证电路功能正常实现，安装前必须要先进行元器件的清点和检测，请根据所学知识按照表 7.2-1 对所有元器件进行检测。

表 7.2-1 元器件清单检测结果记录

符号	名称	规格	检测结果	符号	名称	规格	检测结果
$R_1 \sim R_7$、$R_{16} \sim R_{17}$	电阻	10kΩ		C3	电解电容	100μF	
$R_8 \sim R_{15}$	电阻	300Ω		C4	电解电容	4.7μF	
VD1~VD18	二极管	1N4148		VT	晶体管	9013	
C_1	瓷片电容	103		DS1	数码管	5161	
C_2	瓷片电容	104		U1	定时器	NE555	
SW1~SW9	开关			U2	7段显示译码器	CD4511	

2. 电路安装

根据八路数显抢答器电路参考原理图 7.2-2，并参考元器件实物外形，合理安排安装布局。图 7.2-3 为实物电路接线参考图。图 7.2-4 为印制电路板布线参考图。

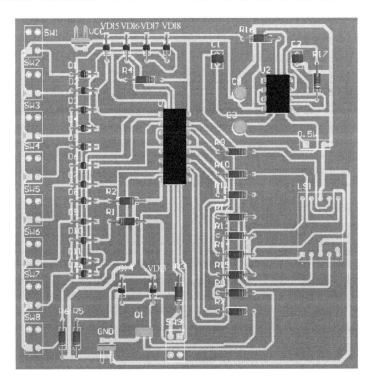

图 7.2-3 实物电路接线参考图

将经过处理的元器件进行插接，插接顺序按先集成后分立，先主后次进行元器件的安放。插装时各元器件均不能插错，特别要注意有极性的元器件不能插反，如电解电容，注意

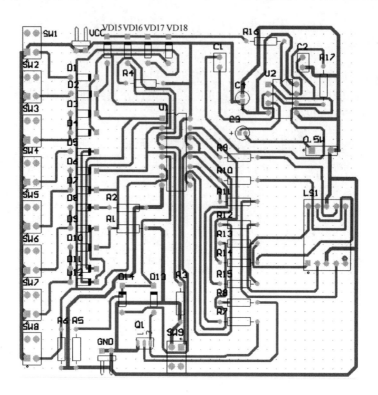

图 7.2-4   印制电路板布线参考图

电容的容量大小。焊接顺序及安装工艺见表 7.2-2。

表 7.2-2   元器件焊接顺序及安装工艺表

焊接顺序	符号	元器件名称	安装工艺要求
1	R	色环电阻	(1) 水平卧式安装，色环朝向一致 (2) 电阻体贴紧电路板（1mm 以内） (3) 剪脚留头（1mm 以内）
2	VD	开关二极管	(1) 水平卧式安装，极性朝向正确 (2) 管体体贴紧电路板（1mm 以内） (3) 剪脚留头（1mm 以内）
3	VT	晶体管	(1) 直立安装，正确区分三极管的型号和引脚排列 (2) 三极管管体底面离电路板 3～5mm (3) 剪脚留头（1mm 以内）
4	DS	数码管	(1) 用万用表判断每段数码是否完整 (2) 直立安装，一般离电路板 1mm (3) 焊接时引脚间不能有杂物，更不能短路 (4) 剪脚留头（1mm 以内）
5	S	不带自锁按钮	(1) 正确区分按钮引脚 (2) 直立安装，一般离电路板 1mm
6		集成块底座	(1) 安装时插座的缺口要与电路布线图一致 (2) 直立安装，一般离电路板 1mm (3) 焊接完成后用万用表测量焊点与插座是否连接完好

7.2.4　电路调试

1. 调试仪器

稳压电源、双踪示波器、万用表、函数信号发生器。

2. 调试步骤

（1）数显抢答器在调试之前一定要先检查元器件的位置是否正确，尤其是集成电路的方向是否正确。

（2）接通电源开关，按 SB9 键，使 SB9 闭合并断开，观察数码管的显示，并试听蜂鸣器发声情况（此时数码管应不显示任何数字，蜂鸣器不响）。

（3）先按 SB1 键，使 SB1 闭合并断开，其他开关不动，此时数码管显示数字"1"，蜂鸣器鸣响，再分别试按 SB2 键、SB3 键等，如果数码管显示的数字不变（仍为"1"），说明电路具有自动闭锁功能。再按下 SB9 键，数码管不显示数字，蜂鸣器不响。

（4）分别按 SB2 键、SB3 键等，重复上述过程，观察数码管的显示，并试听蜂鸣器发声情况。

（5）如果蜂鸣器不响，而数码管显示数字，则查看蜂鸣器设置的工作电压是否合适。

7.2.5　技能评价

1. 自我评价（40 分）

首先由学生根据实训任务完成情况进行自我评价，评分值填入表 7.2-3 中。

表 7.2-3　　　　　　　　　　　　　　自我评价表

项目内容	配分	评分标准	扣分	得分
1. 选配元器件	10 分	（1）能正确选配元器件，选配出现一个错误扣 1～2 分 （2）能正确测量电阻值及其数码管、二极管，出现一个错误扣 1～2 分		
2. 安装工艺与焊接质量	30 分	安装工艺与焊接质量不符合要求，每处可酌情扣 1～3 分，例如： （1）元器件成形不符合要求 （2）元器件排列与接线的走向错误或明显不合理 （3）导线连接质量差，没有紧贴电路板 （4）焊接质量差，出现虚焊、漏焊、搭锡等		
3. 电路调试	20 分	（1）电路一次通电调试成功，得满分 （2）如在通电调试时发现元器件安装或接线错误，每处扣 3 分		
4. 电路测试	20 分	（1）能正确使用万用表测量电压，且记录完整，可得满分 （2）否则每项酌情扣 2～5 分		
5. 安全、文明操作	20 分	（1）违反操作规程，产生不安全因素，可酌情扣 7～10 分 （2）着装不规范，可酌情扣 3～5 分 （3）迟到、早退、工作场地不清洁，每次扣 5～10 分		
总评分＝（1～5 项总分）×40%				

签名：_____　___年___月___日

2. 小组评价（30 分）

再由同一实训小组的同学结合自评的情况进行互评，将评分值填入表 7.2-4 中。

表 7.2-4　　　　　　　　　　　　　　　小组评价表

项目内容	配分	评分
1. 实训记录与自我评价情况	20 分	
2. 对实训室规章制度的学习与掌握情况	20 分	
3. 相互帮助与协作能力	20 分	
4. 安全、质量意识与责任心	20 分	
5. 能否主动参与整理工具、器材与清洁场地	20 分	
总评分＝（1～5 项总分）×30％		

参加评价人员签名：_____　_____年_____月_____日

3. 教师评价（30 分）

最后，由指导教师结合自评与互评的结果进行综合评价，并将评价意见与评分值填入表 7.2-5 中。

表 7.2-5　　　　　　　　　　　　　　教师评价表

教师总体评价意见：

教师评分（30 分）	
总评分＝自我评分＋小组评分＋教师评分	

教师签名：_____　___年___月___日

任务 7.3　简易数字频率计的安装与调试

7.3.1　任务目标

（1）认识简易数字频率计的各元器件。
（2）能对简易数字频率计的各元器件进行检测。
（3）掌握简易数字频率计电路的安装及焊接方法。
（4）理解简易数字频率计电路的工作原理。

7.3.2　电路基本工作原理

1. 任务分析

频率的概念是单位时间里脉冲的个数。数字频率计的测量原理大致分为直接测频法和测周期法两类。直接测频法是测量单位时间内被测信号的周期数，通常采用计数器、数据锁存器及控制电路实现。

本电路采用直接测频法，简易数字频率计原理框图如图 7.3-1 所示。该电路有取样电路、门槛电路、计数译码电路、显示电路四部分构成。

被测信号 → 取样电路 → 门槛电路 → 计数译码电路 → 显示电路

图 7.3-1　简易数字频率计原理框图

2. 电路基本原理

简易数字频率计电路原理参考图如图 7.3-2 所示。

由 U5（NE555）、R_6、R_{P1}、C_1 等构成单稳态触发器，暂稳态维持时间为 1s；R_4、R_5、C_3、VD1 等构成触发电路，静态按钮开关处于断开状态，5V 电源经过 R_5，使 VD1 导通，R_5 与 R_9 串联分压，由于 R_9 远大于 R_5，使 U5 的 2 管脚 TR 为高电平，电路处于稳态，输出为 0；当按下按钮开关，由于电容 C_3 的电压不能突变，VD1 阳极电位下降为 0，VD1 截止，使 U1 的 2 管脚 TR 为低电平，电路进入暂稳态，输出为 1，同时由于 R_5、C_3 的充电时间常数很小，VD1 阳极电位很快变为高电平，VD1 重新导通，使 $\overline{TR}$ 恢复为高电平；电路

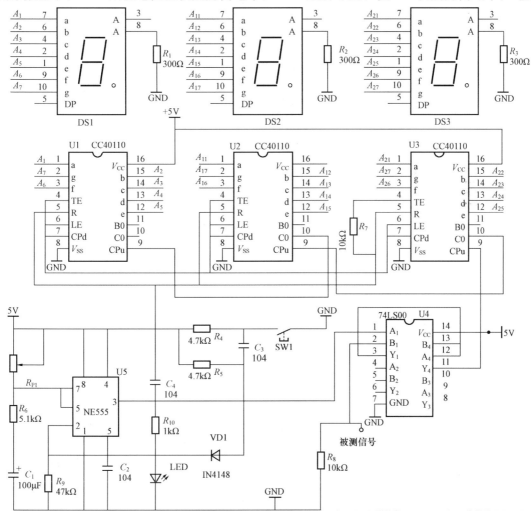

图 7.3-2　简易数字频率计电路原理参考图

进入暂稳态后，器维持时间有 R_6、R_{p1}、C_1 决定，调整 R_{p1}，使维持时间为 1s。

　　U4、R_8 构成门槛电路，当单稳态触发器处于稳态时，U5 的 3 管脚输出低电平，门槛关闭，被检测信号不能送进计数器计数。当按下按钮 S1，单稳态触发器处于暂稳态时，U4 的 11 管脚输出高电平，门槛打开，计数器开始对被检测信号计数，计数时间为 1s。

　　U1、U2、U3 构成计数译码电路，3 块集成计数/译码/驱动电路 CC40110 构成 3 位十进制数计数器。每重新计数之前必须将计数器清零，本电路 C_4、R_7 构成的微分电路完成自动清零功能。

　　LED 数码管与 R_1、R_2、R_3 构成显示电路，实现测试信号频率同步显示的功能。

7.3.3 电路安装

1. 主要元器件准备与检测

　　CC40110 是一个 CMOS 集成电路，它集加减计数器、七段译码器、锁存器、驱动器于一体，直接连接数码管就可以显示数字。它具有加减计数、计数器状态锁存、七段显示译码输出等功能。本电路将 CC40110 译码输出端接数码管，进位输出端接前一位 CC40110 的加数计数端实现进位，构成一个三位显示

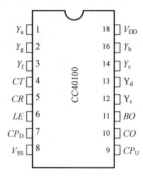

图 7.3-3　CC40110 引脚排列图

器。在清除端 CR 输入高电平则实现清除前一次测量的数据。其外引脚排列图如图 7.3-3 所示。逻辑功能表见表 7.3-1。

表 7.3-1　　　　　　　　　　　　　　CC40110 逻辑功能表

输　入					计数器功能	显示
CP_U	CP_D	$\overline{LT}$	$\overline{CT}$	CR		
↑	×	L	L	L	加 1	随计数器显示
×	↑	L	L	L	减 1	随计数器显示
↓	↓	×	×	L	保持	保持
×	×	×	×	H	清除	随计数器显示
×	×	×	H	L	禁止	不变
↑	×	H	L	L	加 1	不变
×	↑	H	L	L	减 1	不变

　　为了保证电路功能正常实现，安装前必须要先进行元器件的清点和检测，请根据所学知识按照表 7.3-2 对所有元器件进行检测。

表 7.3-2　　　　　　　　　　　　简易三位频率计元件检测清单

符号	名称	规格	检测结果	符号	名称	规格	检测结果
R_1、R_2、R_3	电阻	300Ω		C_2、C_3、C_4	瓷片电容	104	
R_4、R_5	电阻	4.7kΩ		LED1	发光二极管	d3	
R_6	电阻	5.1kΩ		DS1、DS2、DS3	数码管	5161	

符号	名称	规格	检测结果	符号	名称	规格	检测结果
R_7、R_8	电阻	10kΩ		U5	555 定时器	NE555	
R_9	电阻	47kΩ		U1、U2、U3	计数译码器	CC40110	
R_{10}	电阻	1kΩ		U4	四 2 输入与非门	74LS00	
R_{P1}	电位器	10kΩ		VD	开关二极管	IN4148	
C1	电解电容	100μF		SW1	按键		

2. 电路安装

根据简易数字频率计电路原理参考图 7.3-2，并参考元器件实物外形，合理安排安装布局。图 7.3-4 为实物电路接线参考图。图 7.3-5 为印制电路板布线参考图。

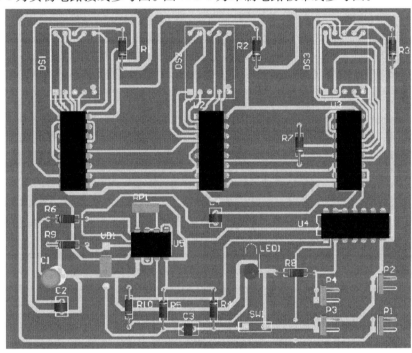

图 7.3-4　实物电路接线参考图

将经过处理的元器件进行插接，插接顺序按先集成后分立，先主后次进行元器件的安放。插装时各元器件均不能插错，特别要注意有极性的元器件不能插反，如发光二极管。该电路中电容选用瓷片电容，注意电容的容量大小。安装顺序及工艺要求见表 7.3-3，安装好的电路检测实物图如图 7.3-6 所示。

表 7.3-3　　　　　　　　　　　　　　安装顺序及工艺要求

焊接顺序	符号	元器件名称	安装工艺要求
1	R	色环电阻	(1) 水平卧式安装，色环朝向一致 (2) 电阻体贴紧电路板（1mm 以内） (3) 剪脚留头（1mm 以内）

续表

焊接顺序	符号	元器件名称	安装工艺要求
2	LED1	发光二极管	（1）注意正负极方向 （2）与外壳结合决定安装高度 （3）剪脚留头（1mm 以内）
3	S	不带自锁按钮	（1）正确区分按钮引脚 （2）直立安装，一般离电路板 1mm
4	C	电容	（1）电容直立，一般离电路板（1mm 以内） （2）剪脚留头（1mm 以内）
5	VD	开关二极管	（1）水平卧式安装，极性朝向正确 （2）管体体贴紧电路板（1mm 以内） （3）剪脚留头（1mm 以内）
6	R_P	电位器	紧贴电路板安装
7		集成块底座	（1）安装时插座的缺口要与电路布线图一致 （2）直立安装，一般离电路板 1mm （3）焊接完成后用万用表测量焊点与插座是否连接完好

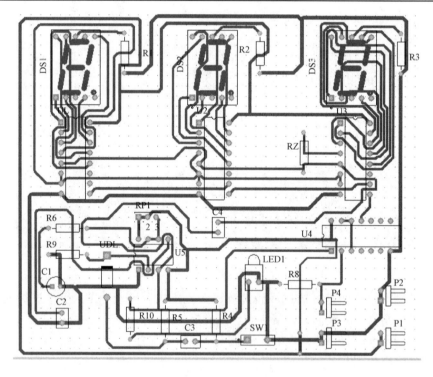

图 7.3-5　印制电路板布线参考图

7.3.4　电路调试

1. 调试仪器

稳压电源、双踪示波器、万用表、逻辑笔、函数信号发生器。

2. 调试步骤

（1）分模块调试。接通电源后，用双踪示波器（输入耦合方式置 DC 挡）观察时基电路的输出波形是否正确，否则重新调节时基电路中 RP_1 的值，使其满足要求。

（2）门槛电路正常时，每间隔 1s 时间，可以观测到被测信号的矩形波。如观测不到波形，则应检测控制门的两个输入端的信号是否正常，并通过进一步的检测找到故障电路，消除故障。如该部分电路正常，或消除故障后频率计仍不能正常工作，则检测计数器电路。

（3）依次检测 3 个 CC40110 时钟端的输入波形。正常时，相邻计数器时钟端的波形频率依次相差 10 倍。如频率关系不一致或波形不正常，则应对计数器和反馈门的各引脚电平及波形进行检测，通过分析找出原因，消除故障。

（4）一般情况下，按上述步骤可以正确完成频率计的调试。频率计分模块调试完毕后，可以进行整机联调，直至简易数字频率计能进行正常工作。

图 7.3-6 为简易数字频率计电路的检测实物图。

图 7.3-6　电路检测实物图

7.3.5　技能评价

1. 自我评价（40 分）

首先由学生根据实训任务完成情况进行自我评价，评分值填入表 7.3-4 中。

表 7.3-4　　　　　　　　　　　　　　自我评价表

项目内容	配分	评分标准	扣分	得分
1. 选配元器件	10 分	（1）能正确选配元器件，选配出现一个错误扣 1～2 分 （2）能正确测量电阻值及其数码管，出现一个错误扣 1～2 分		
2. 安装工艺与焊接质量	30 分	安装工艺与焊接质量不符合要求，每处可酌情扣 1～3 分，例如 （1）元器件成形不符合要求 （2）元器件排列与接线的走向错误或明显不合理 （3）导线连接质量差，没有紧贴电路板 （4）焊接质量差，出现虚焊、漏焊、搭锡等		
3. 电路调试	20 分	（1）电路一次通电调试成功，得满分 （2）如在通电调试时发现元器件安装或接线错误，每处扣 3 分		
4. 电路测试	20 分	（1）能正确使用万用表测量电压，且记录完整，可得满分 （2）否则每项酌情扣 2～5 分		
5. 安全、文明操作	20 分	（1）违反操作规程，产生不安全因素，可酌情扣 7～10 分 （2）着装不规范，可酌情扣 3～5 分 （3）迟到、早退、工作场地不清洁，每次扣 5～10 分		
总评分＝（1～5 项总分）×40%				

签名：_____　　____年___月___日

2. 小组评价（30 分）

再由同一实训小组的同学结合自评的情况进行互评，将评分值填入表 7.3-5 中。

表 7.3-5　　　　　　　　　　　　小组评价表

项目内容	配分	评分
1. 实训记录与自我评价情况	20 分	
2. 对实训室规章制度的学习与掌握情况	20 分	
3. 相互帮助与协作能力	20 分	
4. 安全、质量意识与责任心	20 分	
5. 能否主动参与整理工具、器材与清洁场地	20 分	
总评分＝（1～5 项总分）×30%		

参加评价人员签名：_____　___ 年 ___ 月 ___ 日

3. 教师评价（30 分）

最后，由指导教师结合自评与互评的结果进行综合评价，并将评价意见与评分值填入表 7.3-6 中。

表 7.3-6　　　　　　　　　　　　教师评价表

教师总体评价意见：	
教师评分（30 分）	
总评分＝自我评分＋小组评分＋教师评分	

教师签名：_____　___年___月___日

附　　录

附录 A　维修电工中级工职业技能鉴定应知考试（数字电路部分）试题汇编及参考答案

一、是非判断题（结论正确的答案为 1，错误的为 0）

1. 或门电路，只有当输入信号全部为 1 时输出才会是 1。（0）

2. 非门电路只有一个输入端，一个输出端。（0）

3. 数字集成电路比由分立元件组成的数字电路具有可靠性高和微型化的优点。（1）

4. 数字信号是指在时间上和数量上都不连续变化，且作用时间很短的电信号。（1）

5. 高电位用"1"表示，低电位用"0"表示，称为正逻辑。（1）

6. 开关电路中，欲使三极管工作在饱和状态，其输入电流必须大于或等于三极管临界饱和电流。（1）

二、选择题

1. 由一个晶体管组成的基本门电路是（2）。

(1) 与门　　　　(2) 非门　　　　(3) 或门　　　　(4) 异或门

2. 开关三极管一般的工作状态是（4）。

(1) 截止　　　　(2) 放大　　　　(3) 饱和　　　　(4) 截止和饱和

3. 在脉冲电路中，应选择（2）的三极管。

(1) 放大能力强　　　　　　　　(2) 开关速度快

(3) 集电极最大耗散功率高　　　(4) 价格便宜

4. 数字集成门电路，目前生产最多应用最普遍的门电路是（4）。

(1) 与门　　　　(2) 或门　　　　(3) 非门　　　　(4) 与非门

5. TTL"与非"门电路是以（2）为基本元件构成的。

(1) 电容器　　(2) 双极型半导体三极管　　(3) 二极管　　(4) 晶闸管

6. TTL"与非"门电路的输入输出逻辑关系是（3）。

(1) 与　　　　(2) 非　　　　(3) 与非　　　　(4) 或非

7. 晶体管的开关特性是（4）。

(1) 截止相当于开关接通

(2) 放大相当于开关接通

(3) 饱和相当于开关接通

(4) 截止相当于开关断开，饱和相当于开关接通

附录 B　数字电路常用集成芯片引脚图

（资料来自《标准集成电路数据手册》及《国内集成电路速查手册》）

一、常用 TTL 集成芯片

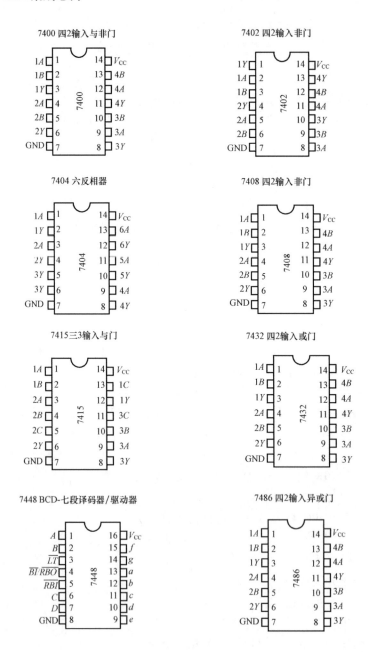

7474 双D正边沿触发器

```
1CLR   1 ┌──┐ 14   Vcc
1D     2 │    │ 13   2CLR
1CLK   3 │7474│ 12   2D
1PR    4 │    │ 11   2CLK
1Q     5 │    │ 10   2PR
1Q     6 │    │  9   2Q
GND    7 └────┘  8   2Q
```

7476 双JK触发器

```
1CLK   1 ┌──┐ 16   1K
1PR    2 │    │ 15   1Q
1CLR   3 │    │ 14   1Q
1J     4 │7476│ 13   GND
Vcc    5 │    │ 12   2K
2CLK   6 │    │ 11   2Q
2PR    7 │    │ 10   2Q
2CLR   8 └────┘  9   2J
```

7490 二-五-十分频计数器

```
CP1    1 ┌──┐ 14   CP0
RO(1)  2 │    │ 13   NC
RO(2)  3 │7490│ 12   QA
NC     4 │    │ 11   QD
Vcc    5 │    │ 10   GND
R9(1)  6 │    │  9   QB
R9(2)  7 └────┘  8   QC
```

7492 二-六-十二分频计数器

```
CP1    1 ┌──┐ 14   CP0
NC     2 │    │ 13   NC
NC     3 │7492│ 12   QA
NC     4 │    │ 11   QB
Vcc    5 │    │ 10   GND
RO(1)  6 │    │  9   QC
RO(2)  7 └────┘  8   QD
```

74112 双下降沿JK触发器

```
1CP    1 ┌──┐ 16   Vcc
1K     2 │    │ 15   1RD
U      3 │    │ 14   2RD
1SD    4 │74112│13  2CP
1Q     5 │    │ 12   2K
1Q     6 │    │ 11   2J
2Q     7 │    │ 10   2SD
GND    8 └────┘  9   2Q
```

74121 单稳态触发器

```
Q      1 ┌──┐ 14   Vcc
       2 │    │ 13
TR-A   3 │    │ 12
TR-B   4 │74121│11  Rext/Cext
TR+    5 │    │ 10   Cext
Q      6 │    │  9   Rint
GND    7 └────┘  8
```

74138 3线-8线译码器

```
A      1 ┌──┐ 16   Vcc
B      2 │    │ 15   Y0
C      3 │    │ 14   Y1
STB    4 │74138│13  Y2
STC    5 │    │ 12   Y3
STA    6 │    │ 11   Y4
Y7     7 │    │ 10   Y5
GND    8 └────┘  9   Y6
```

74139 2线-4线译码器

```
1ST    1 ┌──┐ 16   Vcc
1A     2 │    │ 15   2ST
1B     3 │    │ 14   2A
1Y0    4 │74139│13  2B
1Y1    5 │    │ 12   2Y0
1Y2    6 │    │ 11   2Y1
1Y3    7 │    │ 10   2Y2
GND    8 └────┘  9   2Y3
```

74151 8选1数据选择器

```
D3     1 ┌──┐ 16   Vcc
D2     2 │    │ 15   D4
D1     3 │    │ 14   D5
D0     4 │74151│13  D6
Y      5 │    │ 12   D7
W      6 │    │ 11   A
ST     7 │    │ 10   B
GND    8 └────┘  9   C
```

74153 双4选1数据选择器

```
1ST    1 ┌──┐ 16   Vcc
B      2 │    │ 15   2ST
1D3    3 │    │ 14   A
1D2    4 │74153│13  2D3
1D1    5 │    │ 12   2D2
1D0    6 │    │ 11   2D1
1Y     7 │    │ 10   2D0
GND    8 └────┘  9   2Y
```

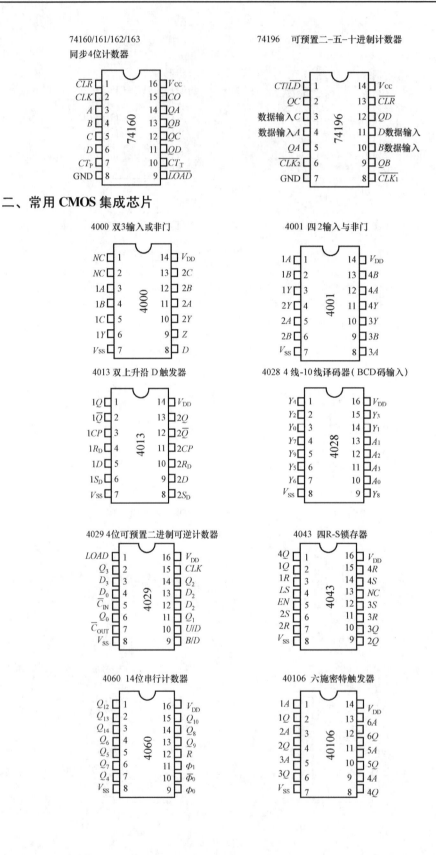

74160/161/162/163
同步4位计数器

74196 可预置二–五–十进制计数器

二、常用 CMOS 集成芯片

4000 双3输入或非门

4001 四2输入与非门

4013 双上升沿 D 触发器

4028 4 线-10 线译码器（BCD码输入）

4029 4位可预置二进制可逆计数器

4043 四R-S锁存器

4060 14位串行计数器

40106 六施密特触发器

40107　双2输入与非缓冲器/驱动器

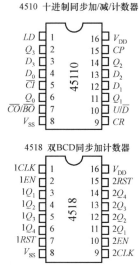

NC	1		14	V_{DD}
NC	2		13	NC
1A	3	45107	12	NC
1B	4		11	2B
1Y	5		10	2A
NC	6		9	2Y
V_{SS}	7		8	NC

4510　十进制同步加/减/计数器

LD	1		16	V_{DD}
Q_3	2		15	CP
D_3	3	45110	14	Q_2
D_0	4		13	D_2
$\overline{CI}$	5		12	D_1
Q_0	6		11	Q_1
$\overline{CO}/\overline{BO}$	7		10	$U/\overline{D}$
V_{SS}	8		9	CR

4511　BCD锁存/七段译码/驱动器

B	1		16	V_{DD}
C	2		15	f
$\overline{LT}$	3	4511	14	g
$\overline{BI}$	4		13	a
LE	5		12	b
D	6		11	c
A	7		10	d
V_{SS}	8		9	e

4518　双BCD同步加计数器

1CLK	1		16	V_{DD}
1EN	2		15	2RST
$1Q_1$	3	4518	14	$2Q_4$
$1Q_2$	4		13	$2Q_3$
$1Q_3$	5		12	$2Q_2$
$1Q_4$	6		11	$2Q_1$
1RST	7		10	2EN
V_{SS}	8		9	2CLK

附录 C　学生实训记录卡

学生实训记录卡 (一)

姓名_____　学号_____　班级_____　成绩_____
实训名称_____

一、使用工具及仪器仪表

二、原理图

三、元器件清单

符号	名称	规格	数量	符号	名称	规格	数量

四、电路工作原理

五、电路测试效果描述

六、电路测试数据表

七、实训心得体会总结

学生实训记录卡（二）

姓名＿＿＿＿＿＿　学号＿＿＿＿＿＿　班级＿＿＿＿＿＿　成绩＿＿＿＿＿＿

实训名称＿＿＿＿＿＿＿＿＿＿＿＿＿＿＿＿＿＿

一、使用工具及仪器仪表

二、原理图

三、元器件清单

符号	名称	规格	数量	符号	名称	规格	数量

四、电路工作原理

五、电路测试效果描述

六、电路测试所得波形

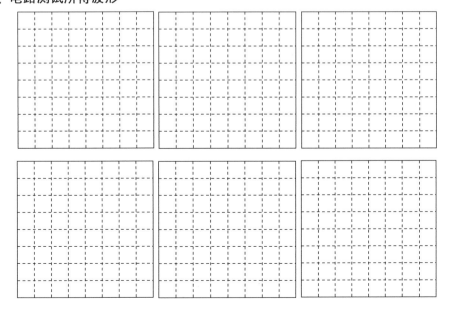

七、实训心得体会总结

学生实训记录卡（三）

姓名＿＿＿＿＿＿　学号＿＿＿＿＿＿　班级＿＿＿＿＿＿　成绩＿＿＿＿＿＿

实训名称＿＿＿＿＿＿＿＿＿＿＿＿＿＿＿＿＿

一、使用工具及仪器仪表

二、原理图

三、元器件清单

符号	名称	规格	数量	符号	名称	规格	数量

四、电路工作原理

五、电路测试效果描述

六、电路测试数据表

七、电路测试所得波形

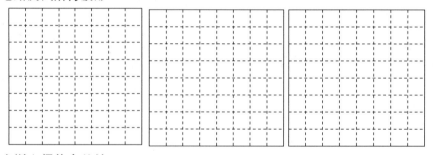

八、实训心得体会总结

附录 D　教师用记录表

序号	学生姓名	班级、学号	成效	成绩

续表

序号	学生姓名	班级、学号	成效	成绩

评分标准：

内容	要求	配分	评分标准	扣分	得分
电路安装	电路安装正确、完整	25	一处不合格扣 5 分		
	元件完好、无损坏	5	一处不合格扣 2 分		
	布局层次合理，分清主次	10	一处不合格扣 2 分		
	接线规范：布线美观、横平竖直，接线牢固，无虚焊，焊点符合要求	10	一处不合格扣 2 分		
	按图接线	10	一处不合格扣 5 分		
调试		20	不成功，扣 20 分		
仪器仪表测量	正确使用仪器仪表测量各点，测量的结果要正确	10	一处不合格扣 2 分		
理论	第一题（得分）：		第二题（得分）：		
总分					
教师签字					

参 考 文 献

[1] 阎石. 数字电子技术基础[M]. 4 版. 北京：高等教育出版社，1998.

[2] 刘宝琴. 数字电路与系统[M]. 北京：清华大学出版社，1993.

[3] 李乃夫. 电子技术基础与技能[M]. 北京：高等教育出版社，2010.

[4] 赵保经. 中国集成电路大全-TTL 集成电路[M]. 北京：国防工业出版社，1985.

[5] 张龙兴. 电子技术基础. 适合中等职业学校电类专业[M]. 北京：高等教育出版社，1999.

[6] 崔陵. 电子产品安装与调试[M]. 北京：高等教育出版社，2012.

[7] 罗桂娥. 数字电子技术实用教程(机电类)[M]. 长沙：中南大学出版社，2003.

[8] 陈明义. 电子技术课程设计实用教程[M]. 长沙：中南大学出版社，2002.

[9] 陈明义. 电工电子实验教程[M]. 长沙：中南大学出版社，2002.

[10] 马艳阳，侯艳红，张生杰. 数字电子技术项目化教程[M]. 陕西：西安电子科技大学出版社，2013.

[11] 陈明义. 数字电子技术基础(电类)[M]. 长沙：中南大学出版社，2004.

[12] 史娟芬. 中等职业学校教材 电子技术基础与技能[M]. 江苏：凤凰出版社，2010.

[13] 诸林裕. 电子技术基础[M]. 北京：中国劳动社会保障出版社，2001.

[14] 孙丽霞. 数字电子技术[M]. 2 版. 北京：高等教育出版社，2010.

[15] 李敬伟，段维莲. 电子工艺训练教程[M]. 北京：电子工业出版社，2005.

[16] 全国大学生电子设计竞赛组委会. 全国大学生电子设计竞赛获奖作品选编(第一届～第五届). 北京：北京理工大学出版社，2004.

[17] 高吉祥. 电子技术基础实验与课程设计[M]. 北京：电子工业出版社，2005.

[18] 陈明义. 电子技术课程设计实用教程[M]. 3 版. 长沙：中南大学出版社，2010.